本书为福建省高等学校科技创新团队——"农文旅融合发展与乡村振兴"团队、福建省自然科学基金项目（2023J011145）、福建商学院乡村文旅经济研究创新团队阶段性研究成果。由福建商学院学术著作出版经费、福建商学院科研创新团队支持计划资助。

休闲农业

企业环境行为研究

XIUXIAN NONGYE
QIYE HUANJING XINGWEI YANJIU

林秀治◎著

吉林大学出版社

·长春·

图书在版编目（CIP）数据

休闲农业企业环境行为研究 / 林秀治著 . —长春：吉林大学出版社，2023.9
ISBN 978-7-5768-2057-7

Ⅰ.①休… Ⅱ.①林… Ⅲ.①观光农业—企业环境管理—研究—中国 Ⅳ.① X322.2

中国国家版本馆 CIP 数据核字（2023）第 172223 号

书　　名：休闲农业企业环境行为研究
XIUXIAN NONGYE QIYE HUANJING XINGWEI YANJIU

作　者：林秀治　著
策划编辑：李伟华
责任编辑：刘守秀
责任校对：单海霞
装帧设计：中北传媒
出版发行：吉林大学出版社
社　　址：长春市人民大街 4059 号
邮政编码：130021
发行电话：0431-89580028/29/21
网　　址：http://www.jlup.com.cn
电子邮箱：jldxcbs@sina.com
印　　刷：廊坊市海涛印刷有限公司
开　　本：710mm×1000mm　　1/16
印　　张：15.5
字　　数：200 千字
版　　次：2024 年 1 月　第 1 版
印　　次：2024 年 1 月　第 1 次
书　　号：ISBN 978-7-5768-2057-7
定　　价：87.00 元

前　言

　　休闲农业发展促进了水体、土壤、生物、空气等自然生态环境与建筑、聚落、服饰、民俗等人文生态环境保护，但同时也带来了固废污染、水体污染、土壤破坏、动植物资源破坏、空气污染、噪声污染等一系列生态环境问题。在当今生态文明建设的大背景下，休闲农业企业需要从战略上主动实施环境行为，维持良好的生态环境，促进休闲农业可持续发展。本书对休闲农业企业环境行为形成机理、定量评价与管理路径进行研究，其目的是为休闲农业企业环境行为的实施及政府环境政策的制定提供一定的理论依据。同时，本书不仅可以丰富休闲农业研究和环境行为研究的理论成果，为休闲农业经营实践提供理论指导，还有利于更好地维持与保护休闲农业自然与人文生态环境，推进生态文明建设，促进休闲农业可持续发展，具有重要的现实意义。

　　在研究内容上，本书的主要内容如下：①休闲农业企业环境行为概念界定及经济学分析。在分析各位学者对环境行为的概念界定的基础上，对休闲农业企业环境行为的概念进行界定，指出休闲农业企业环境行为具有管理对象的人文性、管理过程与提供服务的同一性等特征，可分为环境战略制定、环境过程管理、环境宣传教育、环境信息沟通四大类型。通过分别对政府监管行为、社区居民揭发行为、竞争者环境行为与休闲农业企业环境行为进行演化博弈分析，对休闲农业企业环境行为进行经济学解释。②休闲农业企业环境行为的形成机理。以复杂环境行为模型为基础，结合经济学理论及组织制度理论、利益相关者理论、企业文化理论、资源依赖理论等管理学理论，从环境规制、利益相关者压力、利益链条、管理层环境意识、信息与技术资源等内外部驱动因素及企业自身特征因素构建了休闲农业企业环境行为形成机理的理论模型，并提出了相应的研究假设。基于福建省的调查数据进行休闲农业企业环境行为形成机理的实证方案设计，分析从初始量表的设计到正式调研问卷的形成过程。然后以福建省为例对休闲农业企业环境行为形成机理进行实证分析，运用结构方程模型研究休闲农业企业环境行为与其驱动因素之间的影响程度与影响路径，运用单因素方差分析研究不同休闲农业企业环境行为及其形成机理的差异。③休闲农业企业环境行为的评价。在确定休闲农业企业环境行为的评价指标、指标权重、评分方法与评分标准之后，选取 3 家休闲农业企业作为研究案例进行评价。④休闲农业企业环境行为管理路径。基于各项实证研究结论，从政府、利益相关者、休闲农业企业三个层面提出休闲农业企业环境行为的管理路径。

在研究方法上，本书采用文献研究法搜集文献，采用问卷调查法、深度访谈法、实地观察法进行实地调研，运用演化博弈分析法对休闲农业企业环境行为进行经济学分析，采用描述性统计分析法对休闲农业企业环境行为及其驱动因素的调查结果进行分析，运用因子分析法对研究数据的信度与效度进行检验，运用结构方程模型研究休闲农业企业环境行为与驱动因素之间的影响程度与影响路径，运用单因素方差分析法分析不同类型的休闲农业企业环境行为实施的差异性，运用改进的层次分析法计算休闲农业企业环境行为评价指标的权重。

本书从企业环境行为的微观角度来研究环境问题，选取休闲农业企业环境行为为研究对象，研究的切入角度比较新颖。在研究内容与方法上，本书更强调了以往研究中学者们容易忽略的人文生态环境管理的重要性；把管理层环境意识作为中介调节变量进行探讨，增加了理论模型的解释力；首次运用演化博弈分析法对休闲农业企业环境行为进行经济学解释，首次运用结构方程模型研究休闲农业企业环境行为形成机理，在研究内容与方法上均有一定的新颖性。

目　　录

第一章　绪论

第一节　研究背景与研究意义

一、研究背景

（一）推进绿色发展需要良好的生态环境支撑

2022 年 10 月，党的二十大报告指出推动绿色发展，促进人与自然和谐共生。尊重自然、顺应自然、保护自然，是全面建设社会主义现代化国家的内在要求。休闲农业生态环境建设作为国家绿色发展的重要支撑点，能够通过营造良好的生态环境吸引广大游客，为建设美丽中国贡献一份力量。然而，休闲农业生态环境不是一成不变的。休闲农业发展虽然能促进生态环境建设，但也会对生态环境造成一定的破坏与污染。良好的休闲农业生态环境需要用心维护与经营，只有这样，才能为休闲农业发展增添动力。在生态文明建设的背景下，如何维持与保护休闲农业生态环境，如何促进休闲农业企业实施环境行为，已成为当下的一项重要研究议题。

（二）休闲农业发展迅速，但却面临一系列生态环境问题

20世纪80年代以来，休闲农业以其优美的生态环境、独特的农业景观及浓厚的文化氛围吸引着广大的游客。在农业农村部、文化和旅游部等部门的政策支持下，我国休闲农业得到了迅速发展。可以说，良好的生态环境是休闲农业得以持续发展的基本前提。休闲农业发展促进了水体、土壤、生物、空气等自然生态环境与建筑、聚落、服饰、民俗等人文生态环境保护，但同时也带来了一系列生态环境问题。例如，由休闲农业活动过程中产生的固废污染、水体污染、土壤破坏、动植物资源破坏、空气污染、噪声污染等问题，破坏了原本优美清新的生态环境；由于缺乏规划而建设的现代化建筑设施影响了与周边生态环境的协调性；由于休闲农业企业为了迎合市场需求而设计的商业性文化活动使得本土文化逐渐变异如表1-1所示。这不仅破坏了休闲农业发展的绿色基底，还扰乱了休闲农业本身绿色、可持续的农业发展方式。

表1-1　休闲农业生态环境问题的类型、表现与影响

休闲农业生态环境问题的类型	休闲农业生态环境问题的具体表现与产生的影响
固体废弃物污染	①游客将塑料制品及包装物、废纸、口香糖等垃圾随手扔弃在游览的田园或就近的河流中。②休闲农业企业把在经营过程中制造的燃烧废物、剩菜剩饭等废弃物随意倒在偏僻角落里。③社区居民将饲养的禽畜产生的粪便、日常生活垃圾随意填埋。这些对固体废弃物不负责任的处理势必会滋生细菌、招来蚊蝇，影响正常农业生产及休闲旅游活动
水体污染	①游客的生活污水、禽畜养殖场的粪水等未经妥善处理直接排入农田、河道、池塘或湖泊，容易造成地表水体污染。②喷洒农作物的农药微粒随风飘散，降落至水中或施农药者将废弃的农药包装物随意扔入水中，都将对水体造成污染。③休闲农业企业未对休闲农业点的建设进行合理规划与布局，在上流水域随意开发建设休闲农业项目，也容易对水体造成污染
土壤污染	①在瓜果采摘时节，大量游客聚集在农田里，对土壤的不断重复踩压容易导致土壤板结，造成水土流失。②大面积种植对土壤有破坏性的植物（如桉树）致使土地贫瘠，水土流失情况恶化。③过量施肥及游客游览过程中倾倒的饮料残液、丢弃的固体废弃物等致使土壤养分减少，加剧土壤盐碱化、酸性化。④经营者为了追求经济利益，利用推土机、挖掘机等设备盲目地挖掘泥沙，破坏耕地，影响了整体生态环境的协调性，严重者甚至会造成环境退化等不良现象

续表

休闲农业生态环境问题的类型	休闲农业生态环境问题的具体表现与产生的影响
动植物资源破坏	①休闲农业旅游活动产生的噪声及污染物影响了动物的正常繁衍。②游客在观光农田里踩踏植被，随手折取鲜花、木苗等植物，破坏了植物生长，甚至会造成植物物种结构的变化
空气污染	交通工具及周边工业建设项目排放的有毒气体破坏了休闲农业点原本清新、自然的空气品质
噪声污染	游客的呼喊、机动车的轰鸣、游乐场所的喧嚣、项目建设施工地的嘈杂等超过了虫鸣鸟叫、小溪潺潺，打破了大自然原有的宁静
人文环境破坏	①在商业化浪潮的冲击下，具有地方特色的乡村建筑被城镇化改造，有些经营者甚至自作主张地在休闲农业点盖起现代流行的徽派建筑、别墅等，与原有的村落景观有明显反差，破坏了人文环境的和谐。②为迎合游客对本土文化的需求，有些经营者把乡村民俗快餐化，表演内容大多流于形式，商业化性质过于浓厚，破坏了原汁原味的本土民俗文化

（三）休闲农业建设需要休闲农业企业实施环境行为

休闲农业企业作为休闲农业生态环境保护的决策者、主导者、示范者与受益者，其是否实施环境行为在一定程度上影响着休闲农业生态环境的好坏。如表 1-1 所示，由于休闲农业企业过度商业化开发乡村民俗文化、随意丢弃固体废弃物与排放生活污水、不顾环境容量的限度大量招徕接待游客等，对休闲农业人文生态环境与自然环境造成了严重的破坏。倘若休闲农业企业能够主动制定相关环境战略，在经营过程中注重保持人文生态环境与自然环境的生态化，注重节约资源与能源，积极开展环境宣传教育工作，经常与游客进行环境信息沟通，这将十分有利于休闲农业生态环境的建设与保护，促进休闲农业向持续健康的道路上发展。那么，随着休闲农业建设的日益深入与完善，只要休闲农业企业能够从战略上主动实施环境行为，促进良好的生态环境建设便不成问题。

（四）休闲农业企业环境行为实施需要理论指导

环境行为理论研究是制定环境政策、促进环境保护的重要依据。如何有效进行休闲农业企业环境行为管理就需要一定的理论指导。目前学术界对于环境行为的研究大多局限于工业企业，在少有的对于旅游行业的环境行为研究中，学者们也大都集中对世界遗产地、风景名胜区等旅游地类型的研究，研究行为主体以游客为主。本书研究的休闲农业企业环境行为与一般企业环境行为不同，休闲农业企业环境行为的实施更应关注农业文化环境、区域民俗文化环境等人文生态环境，其形成机理、评价与管理路径也有较大区别。有鉴于此，学术界需加强对休闲农业企业环境行为的理论研究，为休闲农业企业及政府部门制定的科学的环境政策、进行科学的环境管理提供一定的理论指导。

二、研究意义

（一）现实意义

休闲农业生态环境建设作为生态文明建设的重要载体，有着举足轻重的作用。在诸如《休闲农业园区等级划分与评定》（DB11/T 1830—2021）、《生态休闲农业园区等级划分与评价》（DB37/T 3530—2021）、《福建省乡村旅游经营单位服务质量等级划分与评定》（DB35/T 1051—2016）、《海南省休闲农业示范点评定和管理试行办法》（琼农休闲〔2010〕1号）等休闲农业的相关评定标准与办法中均对生态环境质量提出了较高要求。要有良好的休闲农业生态环境，就必须重视休闲农业企业的环境行为，发挥休闲农业企业在促进生态环境建设方面的积极作用。在《福建省"十四五"生态省建设专项规划》《福建省"十四五"文化和旅游改革发展专项规划》及福建省政府印发的《深化生态省建设 打造美丽福建行动纲要（2021—2035年）》中均明确提出建设全域生态旅游省的目标，"清新福建"的品牌效应将进一步彰显。研究以福建为例，对休闲农业企业环境行为进行一系列理论与实证分析，提出促进休闲农业企业环境行为实施的管理路径，研究成果能为休闲农业企业环境行为的实施及政府环境政策的制定提供一定的参考依据，具有重要的现实意义。

（二）理论意义

1. 拓展研究范围，丰富休闲农业研究和环境行为研究的理论成果

从休闲农业研究的角度来看，学者们的研究大多集中在休闲农业的概念内涵、动力因素、类型与模式、空间布局、市场开发与营销、与乡村可持续发展的关系、发展现状、存在问题与解决对策等方面，对其利益相关者的研究也更倾向于游客、社区居民、政府等主体，对于休闲农业企业本身的研究较少；从环境行为研究的角度来看，学者们对工业企业环境行为的研究较多，对旅游行业的经营组织环境行为研究较少。本书以关注较少的休闲农业企业为环境行为研究主体，对其环境行为进行探讨，在一定程度上拓展了休闲农业研究和环境行为研究的范围，丰富了相关理论研究成果。

2. 深化研究领域，为休闲农业经营实践提供理论指导

学术界对于环境行为的研究热点包括环境行为的影响因素、环境行为与环境态度的关系等方面，对于环境行为是怎样形成的、不同行业经营组织环境行为有哪些差异性、如何进行环境行为评价与管理等问题缺乏较为深入细致的研究。研究分析了休闲农业企业环境行为的特性，探讨了其形成机理、评价及管理路径，以期为休闲农业企业环境行为管理提供理论依据，为休闲农业经营实践提供理论指导。

第二节　文献综述

一、休闲农业文献综述

休闲农业在国外出现较早，至今已有一百多年。早在 20 世纪 70 年代，国外休闲农业已得到迅速发展。而我国休闲农业则起始于 20 世纪 80 年代，经过四十余年的发展，我国休闲农业出现了蓬勃发展的趋势，关于休闲农业的研究也逐步成为学术界的研究热点。综合国内外对于休闲农业的研究成果，学者们的研究主要集中在休闲农业的概念内涵、动力因素、类型与模式、空间布局、市场开发与营销、与乡村可持续发展的关系、发展现状、存在问题与解决对策等方面。

（一）休闲农业的概念内涵

国外关于休闲农业的说法各不相同，如 agri-tourism、rural tourism、village tourism、farm tourism、leisure tourism，但这些说法表述的意义是基本一致的。目前比较具有代表性的研究成果如下：Deborah 等（2005）、Sonnino 等（2008）指出休闲农业是可以进行农业劳动体验、娱乐、教育的一种农业经营活动；Marques（2006）认为休闲农业是运营农场基于农业活动开展的休闲旅游活动；Drăgulănescu 等（2012）指出休闲农业是以乡村各类物质与非物质资源为基础，融合农业、林业、旅游、文化、康养等相关产业的一种新兴产业；Kamińska 等（2015）认为休闲农业是农业生产、自然观光、农事体验等相结合的一系列游玩体验活动。

国内对休闲农业的含义也尚无统一的界定，对其具体称谓也有所不同，诸如观光农业、农业旅游、乡村旅游、农家乐等，把这些与休闲农业含义基本相同的称谓均作为休闲农业理解。有学者从农业的角度来看，认为休闲农业是一种新型农业生产经营活动，如吴鸿斌、王元仲（2013）指出休闲农业是结合农业经营活动、农林渔牧生产、农村文化及农家生活，为居民提供休闲的综合农业产业；邹雄、王晶、张路（2020）认为休闲农业是有机结合农村景观资源及农业生产条件，以休闲观光旅游、农事体验等为目的的一种新兴农业形态；王裕光（2021）指出休闲农业是一种对农村生产方式与农业资源的创新型生产形态。有学者从旅游的角度来看，认为休闲农业是一种新型旅游活动，如郭焕成、任国柱（2007）指出休闲农业是利用农村范围内的农业自然环境、农业生产经营、农耕文化等旅游资源开发设计的一种旅游经营活动。也有学者从农业与旅游的综合角度分析，进而对休闲农业的概念进行界定，如袁定明（2006）认为休闲农业是以农业为主题，适应人们观光、休闲的农业与旅游业相结合的一种新型产业；范水生、朱朝枝（2011）指出休闲农业是具有生产、生活、生态"三生"一体和一、二、三产业功能特性的新型产业形态。

（二）休闲农业发展的动力因素

有学者认为休闲农业发展受旅游供给与需求因素影响，如 McGehee 等（2004）认为大众休闲需求及农场主拥有一定数量的土地并在经济上依赖农场的经营刺激了休闲农业的发展；盛茜（2013）指出供给、需求、支持这三方子系统是休闲农业发展的动力系统，并构建了其动力系统的运行模式。有学者认为个人、家庭的因素是推进休闲农业发展的动力，如 Foster（2004）指出家庭农场主希望改变家庭生活模式、扩大收入来源的欲望激发了休闲农业的发展；Barbieri（2010）指出美国密苏里州农场休闲农业的发展受家庭因素、个人追求、农场收益、市场机会等因素驱动。也有学者认为休闲农业发展的动力源于外部因素，如肖靖（2019）指出河南省休闲农业转型升级驱动力是政策因素、区位因素、发展因素及社会因素。此外，还有学者认为休闲农业发展受内外部驱动力的共同作用。例如，秦俊丽（2019）认为休闲农业的高效和协调发展需依赖国家的政策扶持、社会经济发展的外部推动、市场需求的强力拉动以及农业资源自身的吸引力。张香荣（2019）认为河南省休闲农业产业集群的内部驱动力包括经济利益、生产力发展水平、农户土地流转、农村产业结构调整、农民思想意识、农业产业链延伸、资源要素整合，外部驱动力包括社会经济发展水平、居民旅游需求、国家政策引导、科技创新支撑、地方财政支持等；王明康和刘彦平（2020）指出资源、旅游、经济、需求、企业、政府、科技是休闲农业效率提升的主要驱动力。

（三）休闲农业的发展模式

学者们根据不同地域休闲农业的发展状况，总结提炼了各种不同的休闲农业发展模式，比较有代表性的成果有：王云才（2006）提出了诸如农业产业化与产业庄园、乡村俱乐部、主题农园与农庄、现代商务度假与企业庄园等休闲农业产品的新模式；Phillip 等（2010）将休闲农业发展模式分为原生性运营农场、示范性运营农场、非运营农场型、被动联系式及间接联系式；牛君仪（2014）认为都市休闲农业的发展模式主要包括农业展示、生态旅游、农家生活体验、民俗文化、农村度假娱乐等；唐凯江、杨启智、李玟玟（2015）根据互联网发展的潮流提出了"互联网＋"的休闲农业运营模式；单福彬和邱业明（2019）基于供给侧结构性改革的背景指出休闲农业产业化的新模式主要包括田园综合体、农业公园及现代农业庄园；张梅（2019）认为我国休闲农业的发展模式包括农家乐旅游、田园农业旅游、休闲度假旅游、村落乡镇旅游、民俗风情旅游、科普教育旅游等。

（四）休闲农业空间分布

学者们以旅游空间结构的相关理论为基础，运用 GIS 分析法研究了不同地域的休闲农业空间分布特征，如郭力娜、王奉林、姜广辉等（2020）采用回转半径法、空间离散指数、平均城市中心距离等方法研究了唐山市休闲农业园区的距离分布特征；李小雅、王晓芳、卓蓉蓉等（2020）运用空间句法、网络分析法探讨武汉市城郊休闲农业点的空间可达性。更多学者则是在分析休闲农业空间分布特征的基础上，进一步探讨了其影响因素。例如，吴清、李细归、张明（2017）以湖北省为例，探讨休闲农业示范点的空间分布特征及影响因素，指出主要影响因素为人口规模、资源禀赋、农业水平及交通设施；向雁、陈印军、侯艳林等（2019）以河北省为例，探讨休闲农业的空间分布及影响机制，认为最主要的影响因素是旅游市场条件，其次是交通条件和自然资源；丽达、曹福存、杨翠霞（2020）分析了辽宁休闲农业示范点的空间特征及影响要素，指出交通网络分布、水系网络分布、社会经济与其空间分布特征呈现一定的正相关性；王国权、王欣、王金伟等（2021）以江苏省为例，探讨创意休闲农业的空间分布格局及影响因素，指出主要影响因素是旅游市场、人才资源与文化禀赋，次要影响因素是创意能力、农业基础与社会经济。还有些学者则在分析休闲农业空间分布特征的基础上，探讨了休闲农业空间布局的优化。例如，胡晓雯（2019）将上海市休闲农业发展空间划分为重点培育区、优化提升区、限制建设区；符全胜（2020）设计了"一心一带四区"的苏州万亩农园的总体空间布局。

（五）休闲农业市场开发与营销

市场作为休闲农业发展的重要支撑，休闲农业的市场细分、市场定位、市场营销、市场开发模式与开发策略等研究也是学者们的研究热点。Hegarty等（2005）对休闲农业客源市场进行了市场细分；张桂华和唐迎九（2010）

基于 STP 营销策略，对湖南休闲农业市场进行了细分，指出了不同细分市场的目标市场与定位策略；叶建和李星群（2013）分析了广西休闲农业市场存在的主要问题，构建了集多样化、体系化、个性化和忠实化为一体的 DSIL 休闲农业市场开发模式；杨晓娜（2015）从网络营销与农业经济实力、目标客户、客户需求等方面对郑州市休闲农业网络营销进行可行性分析，并从客户、价格、渠道、促销等方面提出郑州市休闲农业网络营销策略；周义龙（2015）指出海南休闲农业在市场开拓方面存有一定的现实障碍，因此需加强政府支持、实施品牌战略、丰富产品文化内涵、明确市场定位以开拓岛外客源市场；鲁庆尧和朱长宁（2020）基于江苏省居民调查数据，分析消费者特征对休闲农业消费行为的影响，指出应针对休闲农业消费者的特征实施精准营销；应依据消费者的休闲时间开拓新项目。也有少数学者研究休闲农业游客满意度、市场主体行为等尚未被大量讨论的现实问题，如张蕾、陈鹏、董霞等（2021）调查了天津休闲农业游客满意度，指出游客总体评价良好，但天津休闲农业还需在完善基础设施、设计参与性活动、提升旅游餐饮服务能力等方面多做努力；杨晨钰婧、闫少聪、薛永基（2022）基于北京市 829 名消费者的调查数据，研究了都市休闲农业旅游行为与意愿背离，认为北京市休闲农业旅游发展难以满足都市居民的多样化需求，需继续提升综合服务能力。

（六）休闲农业发展与乡村可持续发展的关系

休闲农业发展能促进乡村可持续发展，带来良好的社会经济效益，这是学者们普遍认同的看法。Jeczmyk 等（2015）通过对波兰休闲农业旅游供应商的实证调查研究表明休闲农业平均观光收入占农场总收入的 1/3，发展休闲农业能够有效增加经济收入，实现农业资源价值；毛帅和宋阳（2015）认为发展休闲农业有助于我国生态文明与环境保护建设、有助于推进社区养老服务机制的建立；李旭东和谢晋（2015）指出发展农村休闲农业可以促进农村产业结构调整及资源配置，强化农村环境保护；Popović 等（2015）指出休闲农业发展可以助力乡村居民创造更多的产品和收入；Stephen（2016）指出俄罗斯休闲农业发展对支持发展可持续村庄具有一定潜力；Marian（2017）认为休闲农业与乡村旅游有助于自然文化资源的保护，有助于提升社区的福利；Fitari 等（2017）认为休闲农业保护了乡村的艺术潜力，为当地增加了发展机会，也改善了乡村的基础设施及可达性条件；王瑷琳（2019）认为以野生菌为基础资源发展休闲农业旅游，投资小，见效快，可以调整农业产业基础架构，促进农业可持续发展。此外，还有学者对休闲农业可持续发展能力进行实证研究。例如，黄宇（2015）构建了休闲农业可持续发展能力评价指标体系，并以西安为例进行了实证研究；白祥和彭亚萍（2020）运用层次分析法对新疆县域休闲农业与乡村旅游可持续发展水平进行了评估。

（七）休闲农业发展现状、存在问题与解决对策

国内外学者们对休闲农业的发展状况进行了探讨，提出了许多具有建设性的意见，研究成果较多。Wright 等（2014）认为应让农场妇女代表充分接受农业文化的熏陶以发挥其在休闲农业中的独特作用；Nguyen 等（2018）指出地方政府可通过制定休闲农业教育方案引导社区居民更好地认识休闲农业的作用，从而发挥他们在休闲农业发展过程中的主观能动作用；Kubickova 等（2020）认为政府应在休闲农业发展过程中注重宏观政策的制定，加强基础设施建设及市场营销；孙国兴、郭华、张蕾（2020）认为天津休闲农业要实现高质量发展，应规范产业管理、推进生态产业技术、推广多样化的旅游产品、促进社区居民的互动、加强从业人员的培训；于兴业、李德丽、崔宇波（2020）指出黑龙江省休闲农业与乡村旅游发展存在设施不完备、产品同质化、从业人员素质低下等问题，指出应完善基础设施建设、强化地方特色、提升从业人员素质等建议；徐璞、李善伟、吴林海等（2022）指出上海市通

过政策扶持、资金补贴、示范点建设等措施推动休闲农业发展，但在产品开发、销售渠道、服务管理等方面仍存在瓶颈，提出应合理规划布局、打造产业精品、加强人才合作与引入等对策建议。

（八）休闲农业生态环境

学者们对休闲农业生态环境问题的关注更倾向于旅游环境容量、存在的生态环境问题及解决策略等方面，鲜有学者直接从经营组织环境行为的微观角度进行研究。例如，曾涛（2015）以北部湾世外茶园生态旅游项目为例探讨如何将生态设计理念融入茶园休闲农业环境规划中；王帅、邓佳、邓富玲等（2017）通过现场调查、采样和实验室分析等方式，研究了岩溶地区休闲农业旅游对土壤环境的影响，划定了需采取措施重点防控的区域；胡成卉（2018）指出环巢湖生态休闲农业的建筑建设应在维护生态环境的前提下进行，需与周边环境相适宜，不得破坏原有的历史文化风貌；李裕红（2021）分析了休闲农业园区环境教育基地的建设条件、环境教育活动课程或项目内容的设计，指出休闲农业园区环境教育的推广需要经营者和管理者、生态环境教育辅导单位、教育主管单位及顾客共同完成。

综合以上研究可知，国内外学者从不同层面对休闲农业发展进行了不同的研究，研究成果各有侧重点。国外的研究内容更关注休闲农业发展的动力因素、休闲农业与乡村可持续发展的关系等问题，国内的研究更关注休闲农业的发展现状、空间布局、市场开发与营销等内容。

虽然国内外关于休闲农业的研究已取得不少研究成果，但仍有些不足之处，主要体现在以下几个方面。

第一，研究内容不够深入，对休闲农业的生态环境问题、经营管理问题、规划设计问题及休闲农业的发展规律、运行机理等内容研究较为薄弱，需进一步深化相关研究。例如，在少数对于休闲农业生态环境问题的研究中，学者们更偏向存在的生态环境问题及对策建议等方面的研究，对于休闲农业不同行为主体的环境行为、休闲农业生态环境管理路径等问题缺乏深入而系统的探讨。

第二，研究指导理论更偏向于农业学、旅游学、经济学、管理学等学科，若能更多地将心理学、社会学、地理学、景观学、生态学等学科的理论基础运用到休闲农业研究中，将更有利于形成较为完善的理论指导体系。

第三，研究方法虽然也逐步涉及定量研究，但较多运用层次分析法、多元回归分析、IPA 分析法等相对传统的理论方法，学术界一些较新的理论研究方法（例如基于计算机的系统仿真模型、基于动态分析的演化博弈模型等）则在休闲农业方面的应用研究较少。

二、环境行为文献综述

伴随生态环境的破坏、人类环保意识的觉醒，学者们开始关注环境行为并开展了一系列的研究。国外学者关于环境行为的研究始于 20 世纪 60 年代，而国内学者关于环境行为的研究则始于 20 世纪 80 年代。最初是把环境行为作为环境意识的一部分，后来把环境行为剥离出来作为独立的研究对象，环境行为的研究至今为止在社会学、心理学、环境学、建筑学、教育学等学科领域都取得了较为丰富的研究成果。

从研究内容来看，国内外的研究主要集中于环境行为的含义与类型、影响因素、环境行为评价、环境行为博弈、环境行为的现状、问题与促进对策、与环境态度的关系等方面。其中，环境行为的影响因素、环境行为与环境态度的关系等既是学者们的研究热点，也是研究分歧最多的内容。具体来说，学者们的主要研究内容如下。

（一）环境行为的含义

"环境行为"作为一个专业术语，目前学术界对于其概念尚无统一的界定，不同学者对于"环境行为"的叫法也有不同的称谓。诸如"生态行为""亲环境行为""积极的环境行为""具有环境意义的行为""负责任的环境行为"等与"环境行为"内涵基本相同的名词均作为"环境行为"理解。

国内外对于"环境行为"的界定主要有广义和狭义之分。①从狭义的定义来看，环境行为是有利于生态环境的正面行为。例如，Hines 等（1986）提出"负责任的环境行为"的概念，认为其是在个人价值观作用下的一种有责任感的意识行为；Stern（2010）提出"具有环境意义的行为"的概念，指出该行为注重人类对环境产生的影响及行为者是否有环保的动机；龚文娟等（2007）认为环境行为是人们借助各种方式采取主观行动实施的有利于环境的行为；Sebastian（2007）则在海因斯、亨格福德、托梅拉研究的基础上提出"亲环境行为"的概念，指出这种行为包括了人们对自身、后代、他人、其他物种或生态系统的关心；彭远春（2011）认为环境行为就是一种环境保护行为，并认同这种行为对提升环境质量的积极影响；邓雅丹、郭蕾、路红（2019），Gu 等（2020），Wang 等（2020），胡奕欣、李寿涛、陈瑞蕊等（2021）均认为环境行为是为降低对周边环境带来的负面影响而做出的提高环境水平、改善环境质量的具体行为表现。②从广义的定义来看，环境行为既包括有利于环境的正面行为，也包括不利于环境的负面行为。例如，谭千保、张英、徐远超等（2002）认为环境行为是行为主体对环境采取的行动和措施；武春友和孙岩（2006）认为环境行为是指会对生态品质或环境保护造成影响的行为；王芳（2006）认为环境行为是对环境造成影响的人类社会行为以及各种社会行为主体之间的互动行为。总体来说，国外学者对于环境行为概念的研究相对较早，且更偏向狭义的环境行为，而国内学者对环境行为的界定则各有说法，既有狭义的界定，也有广义的界定。

学术界对于企业环境行为的概念也是众说纷纭，目前并没有得到一致认可的定义。有的学者从经济学角度分析，进而对企业环境行为作出界定，认为其是企业将外部环境的不经济性进行内部化并采取一定行动的一种外在表现，如徐易伟和栾胜基（2004）的研究。有的学者则从管理学角度分析，指出其是一系列战略措施的总称。例如，Sarkar（2008）、周曙东（2013）均认为企业环境行为是为了使企业自身的经济效益与环境效益取得平衡而采取的一系列战略措施；余瑞祥和朱清（2009），曲国华、曲卫华、李春华等（2017），任广乾、周雪娅、李昕怡等（2021）均指出企业环境行为是企业在政府、市场、公众等外部宏观环境的压力下实施的环境措施与手段。

（二）环境行为的类型

不同学者根据不同的划分标准对环境行为做了不同的分类，主要观点如下：Stern（2010）依据行为的涉及领域及激进程度不同，将亲环境行为分成激进的环境行为、公共领域的非激进行为、组织中的环境行为、私人领域的环境行为；Abrahamse 等（2007）依据行为成本高低，将亲环境行为分成高成本的亲环境行为与低成本的亲环境行为；崔凤和唐国建（2010）指出环境行为依据行为主体的不同存在方式，可以分为个体型环境行为、群体型环境行为、组织型环境行为；根据行为结果的差异，可以分为环境影响行为、环境破坏行为、环境保护行为；根据行为的实施方式不同，可以分为生产型环境行为和生活型环境行为；Miller 等（2015）根据行为的具体内容不同，将环境行为划分为绿色交通工具使用、可持续能源（材料）使用、资源回收、绿色食品消费；Wu 等（2020）认为根据行为成本的付出程度不同，可划分为高努力环境行为和低努力环境行为。

学术界对于企业环境行为的划分也是各有不同看法。例如徐易伟，栾胜基（2004）根据企业对环境问题采取的策略不同，认为企业环境行为应分为企业自愿环境行为、企业环境组织行为、企业污染防治行为、企业环境法律行为；Moon（2008）根据企业采取行为的主动性强弱，将企业环境行为分为积极环境行为和响应性环境行为；Liu（2009）通过研究扬子江附近的企业，采用因子分析法将其环境行为分为防御行为、预防行为、积极行为；王宇露和江华（2012）根据行为的内容表现将其分为绿色采购、绿色生产、绿色营销、环境技术创新、环境管理创新、环境制度创新等几大类型。

（三）环境行为的影响因素

1. 个体环境行为的影响因素

学术界最早关注的影响因素是环境态度，并围绕环境行为与环境态度的关系展开了激烈的探讨。融入了社会学、心理学的研究内容，学术界对环境行为影响因素的研究早期更倾向于认知类和心理类的内在因素。随着学者们对环境行为研究的深入，后期学者们逐步把情境类和结构类因素也纳入环境行为的影响因素框架体系中。综合学者们的研究成果，把环境行为的影响因素分为内在因素和外在因素。

内在因素是指诸如环境意识、环境知识、环境态度、环境价值观、环境责任感、环境信念、环境规范、环境敏感度、个性等与环境行为主体内在相关因素。例如，Boubonari（2013）认为环境行为与环境态度呈现出正相关关系；Pfattheicher 等（2015）认为公我意识与环境行为呈现正向关系；Chuang 等（2016），Dogan 等（2019）指出互依型自我建构的个体更容易实施环境行为；Landon 等（2018），Liobikienė 等（2019）指出价值观对环境行为有显著影响；彭远春（2020）指出环境身份承诺广度对大学生环境行为有显著影响，环境身份承诺深度及环境态度的影响则不显著；王建华、沈旻旻、朱淀（2020）指出环境态度与个体责任对农村居民亲环境行为存在正向交互作用；胡家僖（2020）研究云贵民族地区居民环境行为的影响因素，指出受教育程度对其生态管理行为有显著作用，环境问题认知、环境情感价值对于其环境行为有显著影响；薛彩霞，李桦（2021）指出环境知识可以通过环境能力的中介作用影响农户亲环境行为；王晓焕，李桦、张罡睿（2021）指出生计资本可以通过价值认知的中介效应影响农户亲环境行为；Powdthavee（2021）认为高学历更助于提升个体的环境素质，产生环境行为。

外在因素是指诸如人口状况、社会结构、社会规范、经济发展条件、物质诱因及成本、文化变迁、地区差异等外界情境条件。例如，Collado 等（2019）指出父母和同伴的行为示范对青少年环境行为有直接影响；Fritsche 等（2018）指出环境行为取决于群体规范、群体认同及集体效能感；韩韶君（2020）以上海市民垃圾分类的生态环境行为为例，研究证实大众媒体、环境态度及社会规范对居民生态环境行为有正向影响；贺爱忠和刘星（2020）验证了企业环境管理实践对员工亲环境行为有显著影响；田虹和田佳卉（2020）指出环境变革型领导能促进员工亲环境行为；芦慧、刘鑫淼、张炜博等（2021）基于风险感知视角探讨后疫情时期中国公民生态环境行为，指出疫情风险感知对公民生态环境行为有显著影响，而生态伦理反思与生态环境责任感在这一影响过程中发挥了中介作用；唐林、罗小锋、张俊飚（2021）指出环境政策强度与农户环境行为存在倒 U 形关系；朱永明和黄嘉鑫（2021）论证了用户感知说服力对环保领域用户亲环境行为意愿的正向影响；程文广和王宁宁（2021）验证了体育特色小镇建设对居民亲环境行为的直接效应；王建华和王缘（2022）认为环境风险感知对民众公领域亲环境行为有显著影响，责任意识在其中发挥了中介作用；郭清卉、李世平、李昊（2022）指出描述性社会规范及命令性社会规范是否一致对农户亲环境行为的影响各有不同；Boon-Falleur 等（2022）认为社会经济地位、文化、社会规范等因素可以宏观调控环境行为。

对于个体环境行为影响因素的理论模型，目前国内学者主要引用国外学者的相关研究成果或者在国外学者研究的基础上结合实际情况进行修正。国外有代表性的主要理论模型研究如下：Fishbein 等（1977）提出的理性行为模型（TRA），指出行为是由意图决定的，态度及主观规范不直接决定个体的行为选择，而是通过影响行为意图来作用于行为；Hungerford（1992）提出由认知、情感、个性三大类变量构成的环境素养模型；Hines 等（1986）提出的"负责任的环境行为模式"，指出环境行为受行动技能、行动策略知识、环境问题知识、个体责任感、心理控制源、情境因素等影响；Ajzen（1991）提出的计划行为模型（TPB），认为态度、主观规范、行为控制认知是影响个体环境行为的主要因素；Guagnano 等（1995）提出的 ABC 理论，指出环境行为（B）受个人环境态度（A）和外部条件（C）的共同影响；Stern（2010）提出的价值基础模型（VBN），通过环境价值观、环境信念和环境规范来解释环境行为的形成。

2. 企业环境行为的影响因素

第一，单因素视角的研究。学术界早期关于企业环境行为影响因素的研究主要是借鉴外部性理论和产权理论，在这些理论的影响下，学者们认为企业环境行为是政府环境规制的结果，对于企业环境行为的研究也主要集中在政府规制与企业遵从的关系。随着学者们对企业环境行为研究的日益深入，学者们发现除环境规制外，来自社区、消费市场、投资者等利益相关者的压力也会对企业实施环境行为产生影响。例如，Takeda 等（2008）观察了1998—2005 年间日本制造型企业的股价波动情况，发现市场对企业环境管理等级信息的反应很敏感；Stalley（2009）指出中国公司在经济全球化背景下会受到交易者环境标准的影响而改变其环境行为。在外部因素的压力作用下，企业环境行为的实施逐步由原来的被动转为主动，受企业所有制结构、企业规模、财务状况等企业内部因素的影响，企业环境行为也会有不同的具体表现。如关劲峤、黄贤金、刘晓磊等（2005）通过对太湖流域印染企业环境行为进行研究，指出私营合资企业环保投入水平高于国有集体企业；Hussey 等（2007）发现规模较大的制造业企业比规模较小的制造业企业实施环境行为更为积极；Gamero（2008）指出企业互补性资源和能力可以通过影响企业管理者的商业态度从而影响企业环境战略与行为；Blanco 等（2009）指出制造企业的财务状况与环境行为主动性之间呈现正相关关系。刘凌（2021）研究表明强制性环境政策对农村小微企业环境行为有正向规制作用。

第二，多因素视角的研究。由于企业环境行为往往受到多种因素的共同影响，学者们开始关注各种不同因素对企业环境行为产生的综合影响。较之单因素视角的研究，学者们对于多因素视角的研究较多使用实证研究方法构建企业环境行为的影响因素模型。如 Moon 等（2011）用新制度理论对企业自愿环境行为进行研究，指出国家级机构的压力对企业自愿环境行为的影响比企业组织属性对企业自愿环境行为的影响要弱，而企业自愿环境行为更易受诸如潜在投资回报等经济因素的驱动；Liu 等（2012）基于 agent 的建模方法探讨了企业的财政能力、市场份额、经理人的教育水平、外界舆论压力、财政补贴等因素对企业不同层次环境行为的影响；朱庆华和杨启航（2013）通过关联分析和回归分析探讨政策法规、政府支持、供应链结构、信息与技术资源对企业实施环境行为的影响；朱则和张劲松（2013）对影响企业环境管理行为的会计利润核算、企业生产函数、企业规模、企业成长性、行业压力等微观因素进行研究，构建了企业环境管理行为的微观决策框架体系；陈兴荣、刘鲁文、余瑞祥（2014）基于 PANEL DATA 模型对企业主动环境行为驱动因素进行研究，指出政府环境政策对企业环境行为起主要推动作用，居民消费偏好的影响则处于一个较低水平，企业属性的影响没有特定规律性。任广乾、周雪娅、李昕怡等（2021）指出产权性质、董事会规模、独立董事比例、企业股权制衡度均与企业环境行为存在显著的正相关关系；刘德光和董琳（2022）对 284 家农家乐创业者进行调查后发现乡村旅游企业社区参与度正向影响其环境行为，环境关心则起到显著的中介作用。

第三，影响因素理论模型的研究。与个体环境行为影响因素的理论模型研究相似，目前国内学者对于企业环境行为影响因素理论模型的研究同样也是借鉴国外的成果。国外的代表性成果如下：Carroll（2000）提出了基于经济制度、法律责任、道德指引的企业环境行为的金字塔模型，1991 年又在模型的顶层中加入了慈善因素；Stokols 等（1987）提出了复杂环境行为模型，认为企业环境行为是内外部因素共同作用的结果；Wood（1991）提出了企业环境行为的三维模型：社会责任原则、社会赞同生产过程、最终结果产出。

从以上分析中不难看出，国外学者无论是关于个体还是企业环境行为影响因素的理论模型研究都较为丰富，而国内学者对于环境行为影响因素的理论模型研究基本是在国外学者提出的理论模型的基础上有针对性地进行修改和完善。

（四）环境行为评价

自 1969 年美国发布的环境政策法案中提及企业环境行为评价及其标准，相关组织与机构也陆续研究环境行为评价，如国际标准化组织提出的"ISO14031 标准"、全球报告倡议组织出台的"GRI 框架体系"（李晶洁，2018）。但这些标准以定性评价为主，大多是宏观层面的。由此，学者们尝试运用一定的研究方法构建环境行为评价指标体系对环境行为评价进行研究。Sadiq 等（2005）运用模糊数学综合评价法构建了企业环境风险评价模型；周曙东（2011）从环境战略行为、环境管理行为、环境文化行为三方面构建了企业环境行为绩效综合评价指标体系；周英男和李振华（2014）以宝钢集团为例运用层次分析法构建了上市公司环境行为评价模型；李晶洁（2018）运用 DEA 方法从投入指标与产出指标两个方面对企业环境行为进行了评价；张连华、王文波、邓泽宏等（2018）运用 DPSIR 模型构建了企业环境行为安全评价的指标体系；崔晔（2018）通过层次分析法构建企业环境行为指标体系，对京津冀三地的企业环境行为进行了评价与对比分析；黄英霞（2017）与李伟华（2019）则都运用内容分析法探讨企业环境行为评价。但是学术界对于不同类型、不同行为主体的环境行为评价模型构建仍有待于进一步研究，评价模型的适用性和可行性也有待于在实践中进一步印证。

（五）环境行为博弈

关于环境行为博弈方面的研究，学者们研究的博弈行为主体更多的是政府与企业之间的博弈。例如，张倩和曲世友（2013）研究了政府实施排污税环境规制下政府与企业环境行为的动态博弈，研究认为政府的排污税率、罚金惩罚、企业排污技术水平等影响了企业环境行为，但是仅通过加强监管强度并不能直接影响企业环境行为；吴胜男（2014）通过对地方政府与企业环境行为的博弈分析，得出加强技术创新、增加对污染企业的罚款、增加官员考核体系中环境责任的权重、增强全社会的环保意识等政策建议；钱忠好和任慧莉（2015）分别对地方政府间的环境行为、环保部门与地方政府环境行为、地方政府与社会公众环境行为进行博弈分析，指出可通过中央政府加大对地方政府问责力度、改变地方环保部门的双重领导体制、增强公众环保意识等途径推动政府环境责任的履行；Wang 等（2016）指出有效的政府规制可以改善治理主体间的信息不对称；聂丽等（2019）指出政府与企业环境行为博弈的影响因素主要是政府监管力度、监管收益与成本、企业绿色技术创新成本；米莉等（2020）指出环境规制短期内会抵消企业绩效，但由于企业绿色创新的延时效应，长期来看会提高企业的经营绩效。此外，也有部分学者研究公众、金融机构等主体与企业环境行为的博弈。如徐咏梅（2013）认为企业排污监管需要企业、政府部门及社会公众各博弈方的合作；甄美荣和李璐（2017）分析了排污企业、地方政府及公众三者之间的演化博弈；陈国庆和龙云安（2019）基于有无政府干预两种情况，构建了政府、企业和银行之间的演化博弈模型。

（六）旅游环境行为

关于旅游环境行为方面的研究，学者们研究较多的是乡村旅游地、自然旅游地等旅游地类型，环境行为主体研究最多的类型是游客。例如，Cheung 等（2014）以问卷调查的形式探访经过生态旅游培训的群体，发现参加者在完成生态旅游培训之后更倾向于采取环境行为；Terrier 等（2015）指出可以积极运用社会规范和承诺促进酒店旅客环境行为的实施；He 等（2018）、Wang 等（2019）论证了服务质量感知及环境背景感知对旅游者环境行为的显著影响；Kim 等（2019）验证了环境知识与教育对旅游者亲环境行为的显著影响；李文明、敖琼、殷程强等（2020）以韶山红色旅游地为例探讨游客亲环境行为，指出游客红色教育感知及环境教育感知对亲环境行为有显著正向影响；张茜、杨东旭、李思逸等（2020）从感知价值视角分析，验证了地方依恋对森林旅游游客亲环境行为的调节效应；田虹和姜春源（2021）指出社会责任型人力资源管理实践会促进旅游企业员工亲环境行为的产生，员工环境承诺起中介作用，环境变革型领导和员工的绿色自我效能起调节作用；林源源和邵佳瑞（2021）指出，积极的乡村旅游目的地意象有利于游客形成亲环境行为意图；陈阁芝（2021）研究发现自然旅游地不同类型的游客亲环境行为驱动因素具有差异性；余军和鄢慧丽（2022）指出滑雪旅游目的地地方特质对游客亲环境行为影响显著，游客感知起到中介作用；陈彦（2022）基于刺激—机体—反应理论，揭示了后疫情时期城市居民旅游怀旧对乡村旅游地亲环境行为的积极作用。

目前，也有学者从企业的主体角度探讨旅游环境行为，主要偏向于饭店企业、农家乐旅游企业。例如，王凯、黎梦娜、葛全胜（2012）以张家界饭店为例，运用多元线性回归分析方法对影响世界遗产地旅游企业环境行为的33个测量指标进行实证研究，指出饭店企业环境行为的主要驱动因素是利润动机、政府环境规制压力及其他利益相关者压力；陈艳（2014）从政府环境规制压力、其他利益相关者压力等外部压力及利润动机、管理层的环境意识、社会责任动机等内部动机探讨了农家乐旅游企业环境行为的影响因素。还有学者从农家乐创业者的主体角度探讨旅游环境行为，如杨学儒和李浩铭（2019）以粤皖两省家庭农家乐创业者为例探讨乡村旅游企业环境行为，研究发现乡村旅游企业社区参与度对其环境行为有显著影响；刘德光和董琳（2022）对284家农家乐创业者进行调查，研究发现农家乐社区参与度对其环境行为产生正向影响，环境关心起到中介作用，当地居民收入水平起到正向调节作用。

总体而言，关于环境行为的研究虽已有不少研究成果，但仍存在一些不足之处。

第一，对于环境行为、环境态度等概念界定的混乱在一定程度上导致了学者们研究结论的不一致。学者们在研究时应把环境行为及其各个影响因素的概念范围界定清楚，以免因为概念表述模糊而对研究结果产生影响。

第二，对企业环境行为影响因素的研究，学者们虽然从早期关注的环境规制等单一因素的研究逐步走向多因素视角的研究，但是总体研究较为零散，缺乏一定的理论框架指导，研究不够系统。且大多数研究仅是各影响因素对企业环境行为的影响的泛泛而谈，对于影响因素间的相互关系及影响因素中哪些因素对企业环境行为起中介调节作用等关键问题尚未进行深入探讨，在一定程度上影响了所构建的影响因素模型的解释力度。

第三，不同区域、不同单位、不同行为主体的环境行为及其驱动因素、形成的机理等内容差异较大，促进其环境行为实施的对策也会有所偏差。有必要针对不同类型群体的环境行为开展针对性较强的研究，以期完善环境行为的研究体系。

根据以上对休闲农业和环境行为的文献综述，可以看出在对休闲农业生态环境问题的研究中，学者们更偏向存在的生态环境问题及对策建议等方面，从环境行为主体的微观角度进行的研究较少；在对旅游环境行为方面的研究中，学者们研究较多的是乡村旅游地、自然旅游地等旅游地类型，研究行为主体以游客为主，对旅游企业环境行为研究较少。因此，在休闲农业企业环境行为方面有一定的研究空间。

第三节　研究目标与研究内容

一、研究目标

第一，构建休闲农业企业环境行为形成机理的理论模型，构建休闲农业企业环境行为评价指标体系，并进行一系列实证研究，为提出休闲农业企业环境行为管理路径提供理论依据。

第二，提出休闲农业企业环境行为管理路径，为休闲农业企业及政府部门提供决策依据。

二、研究内容

本书遵循"提出问题—分析问题—解决问题"的研究思路对休闲农业企业环境行为进行探讨。共分为九章，第一章为提出问题部分也是全文的绪论部分，指出为什么要进行本项研究及本书的目标、内容、方法、技术路线、创新之处等内容；第二章至第七章为分析问题部分，对休闲农业企业环境行为的概念内涵、形成机理、评价体系等内容展开详细分析；第八章为解决问题部分，提出休闲农业企业环境行为管理路径；第九章为结尾部分，提出研究结论、研究不足与研究展望。具体来说，各章节的主要内容如下。

第一章：为全文的绪论部分，主要介绍研究背景与研究意义、研究综述、研究目标与研究内容、研究方法与技术路线、研究创新之处。

第二章：对休闲农业企业环境行为的概念进行界定，明确论文研究的对象与边界。接着基于演化博弈视角对休闲农业企业环境行为进行经济学分析，以进一步明晰休闲农业企业环境行为的概念内涵。

第三章：休闲农业企业环境行为形成机理的理论模型分析。首先，基于复杂环境行为模型对休闲农业企业环境行为形成机理理论模型的变量进行设置并对各层变量间的关系进行假设；其次，在此基础上设计休闲农业企业环境行为形成机理的理论架构。

第四章：休闲农业企业环境行为形成机理的实证方案设计，主要包括初始量表设计、预调研过程与结果分析、正式调研问卷的形成与数据采集等内容。

第五章：休闲农业企业环境行为形成机理的实证结果分析。首先，进行样本信度检验、效度检验及样本描述性统计分析；其次，运用结构方程模型研究休闲农业企业环境行为与驱动因素之间的影响程度与影响路径，进而探讨休闲农业企业环境行为的形成机理；最后，运用单因素方差分析研究不同休闲农业企业在其环境行为及驱动因素上的差异。

第六章：休闲农业企业环境行为评价指标体系构建。首先，确定休闲农业企业环境行为评价的指标；其次，确定各个评价指标的权重；最后，确定各个评价指标的评分规则与评分标准。

第七章：休闲农业企业环境行为评价的实证研究。选取 3 家休闲农业企业作为研究案例，按照上一章构建的休闲农业企业环境行为评价指标体系对其环境行为进行评价，并对评价结果进行差异性对比分析，得到研究启示。

第八章：针对前面的研究成果提出休闲农业企业环境行为管理路径。

第九章：结语。总结主要研究结论，指出研究中存在的局限及未来可进一步研究的方向和内容。

第四节　研究方法与技术路线

一、研究方法

本书采用规范研究与实证研究相结合、定性分析与定量分析相结合的方法，以便更好地获取相关数据资料，得出更科学的研究结论，具体方法包括文献研究法、实地调研法、统计分析法、演化博弈分析法、改进的层次分析法等。

（一）文献研究法

通过对休闲农业与环境行为两个方面的国内外研究成果进行广泛查阅，分析、梳理、归纳本领域的相关研究现状，总结出对本课题有用的研究理论与研究方法，使课题研究具有一定的理论依据。此外，通过对文献进行评述还可发现已有研究成果中存在的不足，有助于在借鉴前人研究成果的基础上结合本领域的实际情况进行创新性研究。

（二）实地调研法

到休闲农业点进行实地调研，包括问卷调查、深度访谈与实地观察等方法。①问卷调查法：制订调查问卷，对休闲农业企业环境行为及其形成机理、企业基本信息等内容进行调查，将定性的问题定量化，为后续的实证研究获取相关数据。调查对象以中高层管理人员为主，采用分层抽样的方法对福建省不同地域、不同规模、不同等级的休闲农业企业进行调查。在调研时可加强与被调研者的沟通，以提高调研数据的准确性。②深度访谈法：与被调查的部分休闲农业企业进行深度访谈，了解其环境行为的实施现状、遇到的困难、对休闲农业环境行为管理的看法等问题，以获取翔实的第一手资料。此外，休闲农业企业环境行为形成机理理论模型变量的选取，也可以通过电话、邮件、微信、面谈等多种方式向本领域的专家征询意见，使得变量选取得更加科学。③实地观察法：在实地调研的过程中，可采用观察法注重观察休闲农业企业环境行为实施的实际情况，以获知被调研者不愿意倾诉的事件资料，提高调研资料的准确性。

（三）统计分析法

利用 Excel、Spass、Amos 等软件对问卷调查所得到的数据进行统计分析。主要涉及的统计分析方法如下：①描述性统计分析：对休闲农业企业环境行为及其驱动因素的调查结果进行简单的描述性统计分析；②因子分析：进行研究数据的信度与效度检验；③结构方程模型：用于研究休闲农业企业环境行为与驱动因素之间的影响程度与影响路径；④单因素方差分析：用于分析不同类型的休闲农业企业环境行为实施的差异性。

（四）演化博弈分析法

演化博弈分析法不要求经济主体具有完全理性，能够反映经济主体在动态博弈过程中的学习演化过程，比传统博弈分析更贴近现实。本书运用演化博弈分析法对休闲农业企业环境行为进行经济学分析，以便更好地了解其形成过程。

（五）改进的层次分析法

研究采用指数标度法对传统的层次分析法进行改进，引进德尔菲法对休闲农业企业环境行为评价因子进行比较，从而构造出较为满意的判断矩阵，然后运用改进的层次分析法计算休闲农业企业环境行为评价指标的权重。

这些统计分析方法在后面章节有详细介绍。

二、技术路线

首先，通过广泛收集、整理相关文献，对休闲农业企业环境行为的相关研究成果进行整理与分析，提出本书的研究课题；其次，分析休闲农业企业环境行为的概念并进行经济学解释；再次，对休闲农业企业环境行为形成机理进行理论探讨，形成理论解释框架，并进行实证分析；然后，构建休闲农业企业环境行为评价指标体系并进行实证分析；最后，本书提出了休闲农业企业环境行为管理路径。本书的技术路线如图1-1所示。

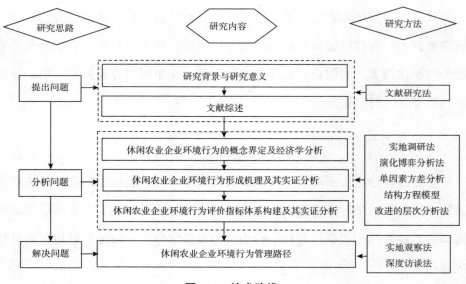

图1-1　技术路线

第五节　研究创新之处

第一，从休闲农业的相关研究来看，学者们对休闲农业生态环境问题的关注更倾向于旅游环境容量、存在的生态环境问题及对策建议等方面，本书从企业环境行为的微观角度来研究环境问题，在研究视角的选择上有一定的创新性；从环境行为的相关研究来看，学者们更倾向于对工业企业环境行为的研究，对旅游企业环境行为的研究较少，本书以休闲农业企业为环境行为主体，切入角度比较新颖。

第二，本书将休闲农业企业环境行为界定为休闲农业企业为了维持休闲农业良好的自然环境与人文生态环境而采取的一系列环境战略措施与手段的总称，强调了人文生态环境的重要性，这与以往研究中更注重自然生态环境而忽略人文生态环境的看法有所不同，是本书的一个创新点。

第三，本书基于演化博弈视角对休闲农业企业环境行为进行经济学解释，运用复杂环境行为模型构建休闲农业企业环境行为形成机理的理论框架，把管理层环境意识作为中介调节变量，增加了理论模型的解释力度，在研究内容与方法上有一定的新颖性。

第二章 休闲农业企业环境行为的概念界定及经济学分析

第一节 休闲农业企业环境行为的概念界定

一、休闲农业企业的概念界定

休闲农业企业是指通过利用农业景观环境、农业生产条件、农耕文化等特色资源生产产品及提供服务的企业。从一个较大的范围与角度来看，经营休闲农场、观光农业、农家乐、乡村旅游、森林旅游的企业都属于休闲农业企业的范畴（石青辉 等，2019）。休闲农业企业可采取自主管理、委托管理、承包经营等方式进行经营管理。

由于休闲农业本身的发展特点，与一般的企业相比，休闲农业企业的经营规模大多为中小型，经营主体大多是农民，收入来源主要是农产品销售、配套休闲服务收入（李星群，2008）。除此之外，其在经营过程、经营产品、经营时间上也均有着自身的特殊性。①休闲农业企业在经营过程中不仅需要考虑正常的农业生产，还需考虑如何在此基础上不断拓展农业的休闲服务功能；不仅需要土壤、水分、气温、日照等自然力量的支持，还需要信息、技术、人才等外部力量的支持；不仅面临自然灾害的风险，还面临旅游产品容易被复制、投资回收期较长等经营风险。②休闲农业企业为了使自身经营的旅游产品更有吸引力一般都会选择具有本土地域特色的农产品、民间习俗等作为旅游吸引物，因而其在经营产品上具有一定的地域性。③具有本土地域特色的农产品生产具有明显的季节性，再加上旅游本身的淡旺季，休闲农业企业在经营时间上具有明显的季节性。

二、休闲农业企业环境行为的概念界定

从第一章文献综述中各位学者对环境行为概念的界定中可以看出目前学者们对"环境行为"这一术语中"环境"的范畴大多理解为自然生态环境，由于旅游者关注的休闲农业环境不仅局限于自然生态环境，还关注农业文化环境、区域民俗文化环境等人文生态环境。因此，本书把人文生态环境也纳入休闲农业企业环境行为的关注对象之中。由此，所谓的休闲农业企业环境行为是指休闲农业企业为了维持休闲农业良好的自然与人文生态环境而采取的一系列环境战略措施与手段的总称，究其本质实际上是一种环境管理行为。

根据休闲农业企业环境行为的具体内容，可将其划分为环境战略制定、环境过程管理、环境宣传教育、环境信息沟通四大类型。其中，环境战略制定是指休闲农业企业采取的一系列关于休闲农业生态环境管理的宏观战略措施与手段，主要包括休闲农业环境管理部门的设置、环境管理政策的制定、环境管理专家的配置、环境发展目标的设置等内容；环境过程管理是指休闲农业企业在经营过程中采取的环境管理的具体措施与手段，主要包括建筑风格与周边环境相协调、采购低碳节能材料和设备、废弃物分类回收、资源化处理等内容；环境宣传教育是指休闲农业企业采取的生态环境宣传与教育的一系列具体措施与手段，主要包括进行休闲农业环境形象的宣传、设置休闲农业环境宣传教育的解说系统、举办休闲农业环境保护主题活动、对员工开展节能环保培训、引导或鼓励实施保护休闲农业环境的行为、制止或劝导实

施破坏休闲农业环境的行为等内容；环境信息沟通是指休闲农业企业为环境信息之间的交流沟通而采取的一系列具体措施与手段，主要包括征集与反馈游客对休闲农业环境行为的建议、与其他休闲农业点交流环保信息与经验、对外公开环境信息等内容。

由于休闲农业本身是农业与旅游业相互结合的一种新型产业，与工业产业注重企业生产流程、提供有形产品不同，休闲农业更加注重人文生态环境的和谐、提供无形服务。因此，休闲农业企业环境行为与学术界研究较多的工业企业环境行为相比，具有如下特征。

（一）管理对象的人文性

工业企业环境行为管理的对象主要是周边地区的自然环境，而休闲农业企业环境行为管理的对象既包含自然环境还包含人文生态环境，尤其是人文生态环境，这是满足消费者文化体验多样性需求的前提。

（二）管理过程与提供服务的同一性

工业企业在生产过程中实施环境行为并不能直接为消费者提供产品，而休闲农业企业在提供休闲农业产品与服务过程中实施环境行为却可以直接为消费者提供产品与服务，如休闲农业企业在休闲农业点设有环保宣传教育的解说系统，其在实施环境行为的同时也为游客提供了环境解说服务。

第二节　休闲农业企业环境行为的经济学分析
——基于演化博弈视角

演化博弈理论是一种把博弈理论与动态进化过程结合起来的理论，它反映了博弈双方的策略相互模仿、动态调整、均衡选择的过程。由于该理论认为现实生活中个体并非完全理性的，其决策是在相互学习、模仿的过程中逐步演化至均衡状态的，这种观点与现实实际更为契合，因此也逐渐被运用于社会科学研究中。

根据演化博弈理论和利益相关者理论的观点，休闲农业生态环境保护涉及众多利益相关者，这些利益相关者有着各自的利益诉求和决策行为，他们在相互制约的关系中根据其他利益相关者的决策行为不断调整自身的决策行为，以期做出更为满意的决策。关于休闲农业生态环境保护中各个利益相关者决策行为的博弈分析，部分学者也对此进行了研究。例如，刘伟伟、石登荣、刘庆春（2009）分别对参与"农家乐"生态旅游的农户之间、参与"农家乐"生态旅游的农户与不参与的农户之间、当地政府与参与"农家乐"生态旅游的农户之间的决策行为分别进行博弈分析，通过探讨他们的不合作博弈行为，提出"农家乐"生态旅游与环境保护可持续发展的协调对策。赵慧丽（2010）对黄山市黄山区农村发展旅游业与生态环境保护过程中的三个主要参与方——政府、企业、村民进行博弈分析，指出旅游企业和政府趋于不合作博弈；旅游企业和村民的决策对环境保护是不利的或低效率的；"囚徒困境"使得村民和村民之间无法合作共同保护环境，由此需要政府、旅游企业、村民三方采取积极措施共同促进旅游业和农村生态环境协调发展。张昱和张越杰（2022）构建了政府、农业生态旅游企业、旅游消费者的三方演化博弈模型，点明农业生态旅游企业的策略主要受自身提供服务所花费的成本及政府的奖惩等影响。本研究运用演化博弈分析法，选取学术界提及最多的与休闲农业企业关系密切的政府、社区居民、竞争者作为主要分析对象，对其相关行为与休闲农业企业环境行为一一进行演化博弈分析，以便能够更为科学、更为深入地了解休闲农业企业环境行为。

一、政府监管行为与休闲农业企业环境行为的演化博弈分析

基于理性的角度，休闲农业企业应积极实施环境行为，为旅游者提供更好的旅游产品和服务。而在现实生活中，休闲农业企业环境行为的实施并不是完全的理性行为。休闲农业企业寻求旅游经济效益最大化的目标与政府追求社会环境效益的目标存在一定的冲突，这就导致了休闲农业企业与政府在其环境行为执行过程中产生博弈。在博弈过程中，当休闲农业企业因实施环境行为而使旅游收益减少或者政府环境监管力度宽松时，休闲农业企业往往更倾向于不实施环境行为。对于休闲农业企业的这种行为，政府会做出一定的管制或惩罚措施以约束休闲农业企业。休闲农业企业迫于政府压力会采取一定的补救措施修复生态环境。而此时，政府有可能会放松对休闲农业企业的环境监管力度，那么，休闲农业企业就又会产生不实施环境行为的念头。就这样，休闲农业企业与政府根据各自的目标进行博弈，直至达到均衡为止。由此可见，从政府的角度来说，休闲农业企业环境行为的实施是在研究政府的策略下，不断做出相应调整的动态学习演化过程，适用演化博弈理论的分析框架。

（一）政府监管行为与休闲农业企业环境行为演化博弈模型的基本假设

在不考虑外部环境和其他行为主体的影响下，休闲农业企业环境行为的实施可以看作休闲农业企业与政府博弈的结果。为模型建构需要，特作如下基本假设。

假设1：博弈中仅有休闲农业企业与政府两个行为主体。由于他们知识、信息、能力等的局限，他们是在相互学习调整的过程中逐渐寻找到较为满意的策略，因此博弈双方都是有限理性的。

假设2：休闲农业企业与政府在做出决策前不知道对方的策略与行动，他们是在不完全信息条件下进行利益博弈的。

假设 3：休闲农业企业环境行为的策略选择为"实施"或"不实施"，政府环境监管行为的策略选择为"监管"或"不监管"。假设休闲农业企业因实施环境行为为自身带来的收益为 R_1，花费的成本为 C_1；休闲农业企业不实施环境行为被政府查处的概率为 p，政府进行环境监管的成本为 C_2，对休闲农业企业实施的惩罚为 C_p。通常情况下，政府进行环境监管的惩罚收入是大于监管成本的（申燕萍，2010）。因此，本书假定 $pC_p > C_2$。

假设 4：假设休闲农业企业选择实施环境行为的概率为 α，不实施的概率为（$1-\alpha$）；政府选择实施环境监管行为的概率为 β，不实施的概率为（$1-\beta$）。

（二）政府监管行为与休闲农业企业环境行为演化博弈模型构建

由以上假设可见，当休闲农业企业实施环境行为且政府进行监管时，休闲农业企业的收益为（R_1-C_1），政府的收益为 $-C_2$；当休闲农业企业实施环境行为且政府不进行监管时，休闲农业企业的收益为（R_1-C_1），政府的收益为 0；当休闲农业企业不实施环境行为且政府进行监管时，休闲农业企业的收益为 $-pC_p$，政府的收益为（pC_p-C_2）；当休闲农业企业不实施环境行为且政府不进行监管时，休闲农业企业的收益为 0，政府的收益为 0。现实生活中，休闲农业企业实施环境行为的收益是高于不实施环境行为受到惩罚之后的收益的，否则政府的环境监管就是无效的（申燕萍，2010）。因此，可以推断 $R_1-C_1 > -pC_p$。

由以上分析可以得到休闲农业企业与政府的博弈矩阵，如表 2-1 所示。

表 2-1　休闲农业企业与政府的博弈矩阵

		政府	
		监管	不监管
休闲农业企业	实施	R_1-C_1，$-C_2$	R_1-C_1，0
	不实施	$-pC_p$，pC_p-C_2	0，0

在政府监管行为与休闲农业企业环境行为演化博弈模型中，休闲农业企业实施与不实施环境行为的期望收益 U_1、U_2，平均收益 $\overline{U}$ 分别为

$$U_1=\beta(R_1-C_1)+(1-\beta)(R_1-C_1) \qquad (2-1)$$

$$U_2=\beta(-pC_p)+(1-\beta)\cdot 0 \qquad (2-2)$$

$$\overline{U}=\alpha U_1+(1-\alpha)U_2 \qquad (2-3)$$

同理，政府选择监管行为与不监管行为的期望收益 V_1、V_2，平均收益 $\overline{V}$ 分别为

$$V_1=\alpha(-C_2)+(1-\alpha)(pC_p-C_2) \qquad (2-4)$$

$$V_2=\alpha\cdot 0+(1-\alpha)\cdot 0 \qquad (2-5)$$

$$\overline{V}=\beta V_1+(1-\beta)V_2 \qquad (2-6)$$

根据复制动态方程的计算方法（谢识予，2007）可得，休闲农业企业选择实施环境行为及政府选择环境监管行为的复制动态方程组为

$$F(\alpha)=d\alpha/dt=\alpha(U_1-\overline{U})=\alpha(1-\alpha)(R_1-C_1+\beta pC_p) \qquad (2-7)$$

$$F(\beta)=d\beta/dt=\beta(V_1-\overline{V})=\beta(1-\beta)(pCp-C_2-\alpha pC_p) \qquad (2-8)$$

根据演化博弈理论，当复制动态方程的数值为 0 时，博弈双方学习的速度为 0，博弈达到相对稳定的均衡状态（陈功玉 等，2006）。令 $F(\alpha)$ =0，$F(\beta)$=0，可得到复制动态方程组的五个均衡点（0，0）、（0，1）、（1，0）、（1，1）、$[(pC_p-C_2)/pC_p, (C_1-R_1)/pC_p]$。

（三）政府监管行为与休闲农业企业环境行为演化博弈模型分析

1. 均衡点的稳定性分析

根据 Friedman 提出的观点，均衡点的稳定性可通过系统的 Jaconbian 矩阵局部稳定性来判断，当均衡点使得 Jaconbian 矩阵的行列式符号大于 0 且迹符号小于 0 时，该均衡点处于局部稳定状态（施若 等，2010）。分别对 F

（α）、F（β）求出关于 α、β 的偏导数可得复制动态方程组的雅可比矩阵为

$$J=\begin{vmatrix} \mathrm{d}F\,(\alpha)\,/\mathrm{d}\alpha & \mathrm{d}F\,(\alpha)\,/\mathrm{d}\beta \\ \mathrm{d}F\,(\beta)\,/\mathrm{d}\alpha & \mathrm{d}F\,(\beta)\,/\mathrm{d}\beta \end{vmatrix}$$

（2-9）

$$=\begin{vmatrix} (1-2\alpha)\,(R_1-C_1+\beta pC_p) & \alpha\,(1-\alpha)\,pC_p \\ -\beta\,(1-\beta)\,pC_p & (1-2\beta)\,(pC_p-C_2-\alpha pC_p) \end{vmatrix}$$

雅可比矩阵在五个均衡点的行列式和迹的分析结果如表2-2、表2-3所示。

表2-2　政府监管行为与休闲农业企业环境行为演化博弈模型各个均衡点

所在矩阵的行列式和迹

均衡点	J 的行列式	J 的迹
（0，0）	（R_1-C_1）（pC_p-C_2）	$R_1-C_1+pC_p-C_2$
（0，1）	－（$R_1-C_1+pC_p$）（pC_p-C_2）	$R_1-C_1+C_2$
（1，0）	（R_1-C_1）C_2	$-R_1+C_1-C_2$
（1，1）	－（$R_1-C_1+pC_p$）C_2	$-R_1+C_1-pC_p+C_2$
［（pC_p-C_2）/pC_p，（C_1-R_1）/ pC_p］	C_2（pC_p-C_2）（$R_1-C_1+pC_p$） （R_1-C_1）/（pC_p）^{2}	［C_2（pC_p-C_2）＋（$R_1-C_1+pC_p$） （R_1-C_1）］/pC_p

表2-3　政府监管行为与休闲农业企业环境行为演化博弈模型各个均衡点的稳定性分析

限定条件	稳定点 ESS
$R_1>C_1$	（1，0）
$R_1\leqslant C_1$	无稳定点

当 $R_1>C_1$ 时，由于［（pC_p-C_2）/pC_p，（C_1-R_1）/pC_p］的 β 值小于0，没有现实意义，此时系统只有四个均衡点（0，0）、（0，1）、（1，0）、（1，1），其中（1，0）具有局部稳定性，为系统的演化稳定策略 ESS，即休闲农业企业实施环境行为、政府不进行环境监管。休闲农业企业环境行为的动态演化过程可由该系统的动态演化相位图展现，如图2-1所示。在平面 $M=\{$（α，

β）；$0 \leqslant \alpha \leqslant 1$，$0 \leqslant \beta \leqslant 1\}$ 上，该系统的相位图中有一个吸引子（1，0），在系统演化过程中最终趋向于 C 点。

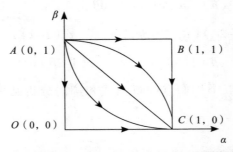

图 2-1　政府监管行为与休闲农业企业环境行为演化博弈模型系统动态演化的相位图
（$R_1 > C_1$）

当 $R_1 \leqslant C_1$ 时，该系统的五个均衡点中有四个不稳定点（0，0）、（1，0）、（0，1）、（1，1）及一个鞍点 $[(pC_p-C_2)/pC_p，(C_1-R_1)/pC_p]$，无演化均衡点。当 $R_1 = C_1$ 时，该系统的五个均衡点中有两个不稳定点（0，1）、（1，1）及三个鞍点（0，0）、（1，0）、$[(pC_p-C_2)/pC_p，(C_1-R_1)/pC_p]$，亦无演化均衡点。由此可见，当 $R_1 \leqslant C_1$ 时，博弈双方博弈的结果没有一个稳定的演化策略，只存在混合策略均衡。此时，休闲农业企业环境行为的动态演化过程如图 2-2 所示。在平面 $M = \{(\alpha，\beta)；0 \leqslant \alpha \leqslant 1，0 \leqslant \beta \leqslant 1\}$ 上，该系统的相位图中没有吸引子，当 D 落在 Ⅰ 和 Ⅲ 区域时，系统可能收敛到（0，1）或（1，0）的状态；当 D 落在 Ⅱ 和 Ⅳ 区域时，系统可能收敛到（0，0）或（1，1）的状态。

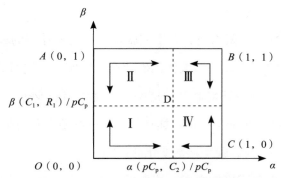

图 2-2 政府监管行为与休闲农业企业环境行为演化博弈模型系统动态演化的相位图
（$R_1 \leqslant C_1$）

2. 模型参数变化的影响

（1）当 $R_1 > C_1$ 时，模型参数变化的影响

结合 $\alpha=(pC_p-C_2)/pC_p$，$\beta=(C_1-R_1)/pC_p$ 的表达式及系统相位图 2-1 可以探讨不同参数变化对休闲农业企业环境行为演化博弈模型的影响。

C_1 表示休闲农业企业因实施环境行为花费的成本，C_2 表示政府进行环境监管的成本。当其他条件不变时，C_1、C_2 数值的减小使得 β 值减小、α 值增加，系统向吸引子 C 演化。可见，减小休闲农业企业因实施环境行为花费的成本及政府进行环境监管的成本有利于休闲农业企业环境行为的实施。

R_1 表示休闲农业企业因实施环境行为为自身带来的收益。当其他条件不变时，R_1 增加，β 值减小，系统向吸引子 C 演化。增加休闲农业企业因实施环境行为为自身带来的收益满足了其追求经济效益的动机，有助于激发其实施环境行为。

p 及 C_p 分别表示政府进行环境监管的概率及对休闲农业企业实施的惩罚。当其他条件不变时，p、C_p 数值的增加使得 α 值增加、β 值减小，系统向吸引子 C 演化。增加政府进行环境监管的概率，加大惩罚力度，对休闲农业企业能起到一定的威慑和规制作用，促使休闲农业企业在利益的博弈下实施环境行为。

由此可见，减小休闲农业企业因实施环境行为所花费的成本 C_1、减小政府进行环境监管的成本 C_2，增大休闲农业企业因实施环境行为为自身带来的收益 R_1，增加政府进行环境监管的概率 p 及对休闲农业企业实施的惩罚 C_p，能够促使 α 值不断向 1 演化，即这样有利于促进休闲农业企业实施环境行为。

（2）当 $R_1 \leqslant C_1$ 时，模型参数变化的影响

由于此时系统无演化均衡点，博弈的结果没有一个稳定的演化策略，模型参数变化对系统演化博弈的影响较为复杂，系统演化至某种均衡状态取决于鞍点 D 的位置及博弈双方相互学习调整的速度（杨丽、魏晓平，2010）。例如，图 2-2 中当鞍点 D 落在 I 区域，而其他条件不变时，由于政府进行环境监管的成本 C_2 降低，使得 α 值增加，鞍点 D 向右移动，进入到 IV 区域，此时系统可能由原来收敛到（0，1）或（1，0）的状态演化至收敛到（0，0）或（1，1）的状态。如果休闲农业企业收敛到 $\alpha=0$ 的速度大于政府收敛到 $\beta=1$ 的速度，即休闲农业企业选择不实施环境行为的概率的增长率大于政府进行环境监管的概率的增长率，该博弈就会进入（0，0）的状态，即休闲农业企业不实施环境行为，政府不进行环境监管；反之，如果休闲农业企业收敛到 $\alpha=0$ 的速度小于政府收敛到 $\beta=1$ 的速度，则最终博弈的结果是（1，1），即休闲农业企业实施环境行为，政府进行环境监管。

由此可见，要使休闲农业企业实施环境行为，就必须使休闲农业企业收敛到 $\alpha=1$ 的速度大于政府收敛到 $\beta=1$ 或 $\beta=0$ 的速度。休闲农业企业实施环境行为的收益越高，其进行学习和模仿的速度就越快，到达动态均衡的速度也就越快。也就是说此时增大休闲农业企业因实施环境行为为自身带来的收益、减小其所花费的成本有利于促进休闲农业企业实施环境行为。

3. 模型分析结论

由以上分析，可以看出休闲农业企业环境行为受政府环境监管行为的影

响，是在根据政府的决策不断学习、调整而使自己的决策更为满意的博弈过程中不断演化出来的。决策双方博弈的结果与休闲农业企业因实施环境行为为自身带来的收益 R_1、所花费的成本 C_1、政府进行环境监管的概率 p、成本 C_2、对休闲农业企业实施的惩罚 C_p 息息相关。当 $R_1 > C_1$ 时，休闲农业企业选择实施环境行为的策略、政府选择环境监管行为的策略是系统的演化稳定策略；当 $R_1 \leq C_1$ 时，系统无演化稳定策略。要促进休闲农业企业实施环境行为，促进休闲农业可持续发展，应增大休闲农业企业因实施环境行为为自身带来的收益同时减小其所花费的成本，增加政府进行环境监管的概率及对休闲农业企业实施的惩罚同时减小政府进行环境监管的成本。

以上分析仅是为模型构建的需要而在一系列基本前提假设下进行的理论分析，现实情况却更为复杂。例如，调研人员在对福建省休闲农业企业的调研中就发现在休闲农业企业与政府的博弈过程中，有的政府部门为了提升地方政绩对于没有实施环境行为的休闲农业企业采取纵容甚至是保护的态度，从而导致"政府失灵"的现象；有的休闲农业点虽然有旅游企业在管理，但是却是在政府强势主导下进行管理的，休闲农业企业的市场经营主体性得不到体现，其采取的经营战略也不受自己控制。为实现休闲农业企业与政府的博弈均衡，既要对休闲农业企业的外部性行为给予约束又要积极鼓励休闲农业企业自觉实施环境行为，化外部压力为内部动力，使政府能够提高规制的效率，休闲农业企业也能获得良好的经济与环境效益（邹伟进　等，2009）。

二、社区居民揭发行为与休闲农业企业环境行为的演化博弈分析

在现实生活中，休闲农业企业寻求旅游经济效益最大化的目标与社区居民寻求良好生活环境、享受旅游开发利益的愿景存在一定的冲突，这就导致了休闲农业企业与社区居民在其环境行为执行过程中产生博弈。在博弈过程

中，当休闲农业企业不实施环境行为却没有遭到社区居民揭发举报时，休闲农业企业往往更倾向于不实施环境行为。而当社区居民觉得自己的生活环境由于休闲农业的过度开发，遭到一定的破坏，进而对自己的生活造成影响时或者是社区居民觉得休闲农业开发没有兼顾社区居民的利益要求时，社区居民往往会对休闲农业企业不实施环境行为的做法进行揭发举报。此时，休闲农业企业可能会积极实施环境行为以免遭受政府的惩罚，也有可能会给予社区居民一定的经济补偿以免被社区居民再次揭发举报。就这样，休闲农业企业与社区居民根据各自的目标进行博弈，直至达到均衡稳定的策略为止。由此可见，从社区居民的角度来说，休闲农业企业环境行为的实施是在研究社区居民的策略下不断做出相应调整的动态学习演化过程，适用演化博弈理论的分析框架。

（一）社区居民揭发行为与休闲农业企业环境行为演化博弈模型的基本假设

在不考虑外部环境和其他行为主体的影响下，休闲农业企业环境行为的实施可以看作休闲农业企业与社区居民博弈的结果。为模型建构需要，特作如下基本假设。

假设1：博弈中仅有休闲农业企业与社区居民两个行为主体。由于他们知识、信息、能力等的局限，他们是在相互学习调整的过程中逐渐寻找到较为满意的策略，因此博弈双方都是有限理性的。

假设2：休闲农业企业与社区居民在做出决策前不知道对方的策略与行动，他们是在不完全信息条件下进行利益博弈的。

假设3：休闲农业企业环境行为的策略选择为"实施"或"不实施"，社区居民揭发行为的策略选择为"揭发"或"不揭发"。假设休闲农业企业实施环境行为之后的收益为 R_1，不实施环境行为时的收益为 R_2，社区居民揭发

的成本为 C_1，休闲农业企业被社区居民揭发之后为了不再被社区居民揭发而给予社区居民的收益为 C_2，政府对休闲农业企业进行的处罚为 C_3。通常情况下，休闲农业企业不实施环境行为时的收益是大于实施环境行为之后的收益的，因此本书假定 $R_1 > R_2$。

假设4：假设休闲农业企业选择实施环境行为的概率为 α，不实施的概率为（$1-\alpha$）；社区居民选择揭发行为的概率为 β，不揭发的概率为（$1-\beta$）。

（二）社区居民揭发行为与休闲农业企业环境行为演化博弈模型构建

由以上假设可见，当休闲农业企业实施环境行为且社区居民进行揭发时，休闲农业企业的收益为 R_1，社区居民的收益为 $-C_1$；当休闲农业企业实施环境行为且社区居民不进行揭发时，休闲农业企业的收益为 R_1，社区居民的收益为0；当休闲农业企业不实施环境行为且社区居民进行揭发时，休闲农业企业的收益为 $R_2-C_3-C_2$，社区居民的收益为 C_2-C_1；当休闲农业企业不实施环境行为且社区居民不揭发时，休闲农业企业的收益为 R_2，社区居民的收益为0。

由以上分析可以得到休闲农业企业与社区居民的博弈矩阵，如表2-4所示。

表2-4　休闲农业企业与社区居民的博弈矩阵

		社区居民	
		揭发	不揭发
休闲农业企业	实施	R_1, $-C_1$	R_1, 0
	不实施	$R_2-C_3-C_2$, C_2-C_1	R_2, 0

在社区居民揭发行为与休闲农业企业环境行为演化博弈模型中，休闲农业企业实施与不实施环境行为的期望收益 U_1、U_2 和平均收益 $\overline{U}$ 分别为

$$U_1=\beta R_1+(1-\beta)R_1 \tag{2-10}$$

$$U_2=\beta(R_2-C_3-C_2)+(1-\beta)R_2 \tag{2-11}$$

$$\overline{U} = \alpha U_1 + (1-\alpha) U_2 \qquad (2-12)$$

同理，社区居民选择揭发行为与不揭发行为的期望收益 V_1、V_2 和平均收益 $\overline{V}$ 分别为

$$V_1 = \alpha(-C_1) + (1-\alpha)(C_2-C_1) \qquad (2-13)$$

$$V_2 = \alpha \cdot 0 + (1-\alpha) \cdot 0 \qquad (2-14)$$

$$\overline{V} = \beta V_1 + (1-\beta) V_2 \qquad (2-15)$$

根据复制动态方程的计算方法（谢识予，2007），可得休闲农业企业选择实施环境行为及社区居民选择揭发行为的复制动态方程组为

$$\begin{cases} F(\alpha) = d\alpha/dt = \alpha(U_1 - \overline{U}) = \alpha(1-\alpha)(R_1-R_2+\beta C_3+\beta C_2) & (2-16) \\ F(\beta) = d\beta/dt = \beta(V_1 - \overline{V}) = \beta(1-\beta)(C_2-C_1-\alpha C_2) & (2-17) \end{cases}$$

令 $F(\alpha) = 0$，$F(\beta) = 0$，可得到复制动态方程组的五个均衡点 $(0, 0)$、$(0, 1)$、$(1, 0)$、$(1, 1)$、$[(C_2-C_1)/C_2, (R_2-R_1)/(C_3+C_2)]$。由于 $[(C_2-C_1)/C_2, (R_2-R_1)/(C_3+C_2)]$ 的 β 值小于 0，没有现实意义，因此略去该均衡点，休闲农业企业选择实施环境行为及社区居民选择揭发行为的复制动态方程组只有四个均衡点 $(0, 0)$、$(0, 1)$、$(1, 0)$、$(1, 1)$。

（三）社区居民揭发行为与休闲农业企业环境行为演化博弈模型分析

1. 均衡点的稳定性分析

分别对 $F(\alpha)$、$F(\beta)$ 求出关于 α、β 的偏导数可得复制动态方程组的雅可比矩阵为

$$J = \begin{vmatrix} dF(\alpha)/d\alpha & dF(\alpha)/d\beta \\ dF(\beta)/d\alpha & dF(\beta)/d\beta \end{vmatrix}$$
$$\qquad (2-18)$$
$$= \begin{vmatrix} (1-2\alpha)(R_1-R_2+\beta C_3+\beta C_2) & \alpha(1-\alpha)(C_3+C_2) \\ -\beta(1-\beta)C_2 & (1-2\beta)(C_2-C_1-\alpha C_2) \end{vmatrix}$$

雅可比矩阵在四个均衡点的行列式和迹的分析结果如表2-5、表2-6所示。

表2-5 社区居民揭发行为与休闲农业企业环境行为演化博弈模型
各个均衡点所在矩阵的行列式和迹

均衡点	J 的行列式	J 的迹
（0，0）	$(R_1-R_2)(C_2-C_1)$	$R_1-R_2+C_2-C_1$
（0，1）	$(R_1-R_2+C_3+C_2)(C_1-C_2)$	$R_1-R_2+C_3+C_1$
（1，0）	$-(R_2-R_1)C_1$	$R_2-R_1-C_1$
（1，1）	$(R_2-R_1-C_3-C_2)C_1$	$R_2-R_1-C_3-C_2+C_1$

表2-6 社区居民揭发行为与休闲农业企业环境行为演化博弈模型各个均衡点的稳定性分析

限定条件		稳定点 ESS
$C_1 \geqslant C_2$		（0，0）
$C_1 < C_2$	$\|R_1-R_2\| \geqslant \|C_3+C_2\|$	（0，1）
	$\|R_1-R_2\| < \|C_3+C_2\|$	无稳定点

当 $C_1 \geqslant C_2$ 时，系统有一个稳定均衡点（0，0），即休闲农业企业不实施环境行为、社区居民不进行揭发，其环境行为的动态演化过程可由图2-3所示的动态演化相位图展现。在平面 $M=\{(\alpha, \beta); 0 \leqslant \alpha \leqslant 1, 0 \leqslant \beta \leqslant 1\}$ 上，该系统最终趋向于吸引子 O 点（0，0）。

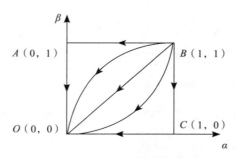

图2-3 社区居民揭发行为与休闲农业企业环境行为演化博弈模型系统动态演化的相位图
（$C_1 \geqslant C_2$）

当 $C_1 < C_2$ 时，系统的稳定均衡点取决于 $|R_1-R_2|$ 与 $|C_3-C_2|$ 的大小。当 $|R_1-R_2| \geq |C_3-C_2|$ 时，系统有一个稳定均衡点（0，1），即休闲农业企业不实施环境行为、社区居民进行揭发，其环境行为的动态演化过程可由图 2-4 所示的动态演化相位图展现。在平面 $M=\{ (\alpha, \beta); 0 \leq \alpha \leq 1, 0 \leq \beta \leq 1\}$ 上，该系统最终趋向于吸引子 A 点（0，1）。当 $|R_1-R_2| < |C_3-C_2|$ 时，系统无演化均衡点，此时休闲农业企业和社区居民实施哪种行为取决于博弈双方相互学习的速度。

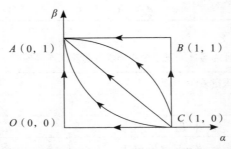

图 2-4　社区居民揭发行为与休闲农业企业环境行为演化博弈模型系统动态演化的相位图（$C_1 < C_2$）

2. 模型参数变化的影响

由以上分析可见，当 $C_1 \geq C_2$ 时，系统的稳定均衡点为（0，0），即休闲农业企业不实施环境行为、社区居民不进行揭发，此时休闲农业企业的行为策略选择并不是我们乐意看到的情景。而当 $C_1 < C_2$ 且 $|R_1-R_2| \geq |C_3+C_2|$ 时，即当社区居民的揭发成本小于揭发之后休闲农业企业给予的收益，而且休闲农业企业不实施环境行为比实施环境行为多出的收益大于被社区居民揭发之后给予社区居民和政府的补偿成本时，休闲农业企业采取不实施环境行为的策略，社区居民则采取揭发的策略，虽然在此达成博弈均衡，但是此时休闲农业企业的行为策略选择也不是我们愿意看到的情景。当 $C_1 < C_2$ 且 $|R_1-R_2| < |C_3+C_2|$ 时，即当社区居民的揭发成本小于揭发之后休闲农业企业给予的收益，而且休闲农业企业不实施环境行为比实施环境行为多出的收益小于被社

区居民揭发之后给予社区居民和政府的赔付成本时，虽然此时没有达成博弈均衡的状态，但是如果休闲农业企业收敛到 $\alpha=1$ 的速度大于社区居民收敛到 $\beta=0$ 的速度，即休闲农业企业实施环境行为的概率的增长率大于社区居民不揭发的概率的增长率，该博弈就会进入（1，0）的状态，即休闲农业企业实施环境行为，社区居民不揭发，此时休闲农业企业的行为策略选择是我们愿意看到的情景。

由此可见，休闲农业企业实施环境行为之后的收益 R_1、不实施环境行为时的收益 R_2、社区居民的揭发成本 C_1、休闲农业企业被社区居民揭发之后给予社区居民的收益 C_2、政府对休闲农业企业进行的处罚 C_3 对演化博弈模型均有影响。要使演化博弈模型达到（1，0）的均衡状态，使社区居民揭发休闲农业企业进而促进其实施环境行为，就必须降低社区居民的揭发成本 C_1、增加休闲农业企业实施环境行为之后的收益 R_1、减少其不实施环境行为时的收益 R_2、增加休闲农业企业被社区居民揭发之后给予社区居民的收益 C_2、增加政府对休闲农业企业进行的处罚 C_3。

3. 模型分析结论与探讨

休闲农业企业环境行为的实施受社区居民揭发行为的影响，是在与社区居民的策略博弈过程中不断演化的。决策双方博弈的结果与休闲农业企业不实施环境行为的收益增加量 $|R_1-R_2|$，社区居民的揭发成本 C_1，休闲农业企业被社区居民揭发之后给予社区居民和政府的赔付成本 C_2、C_3 息息相关。当 $C_1 \geqslant C_2$ 时，休闲农业企业不实施环境行为、社区居民不进行揭发是系统的演化稳定策略；当 $C_1 < C_2$ 且 $|R_1-R_2| \geqslant |C_3+C_2|$ 时，休闲农业企业不实施环境行为、社区居民揭发是系统的演化稳定策略；当 $C_1 < C_2$ 且 $|R_1-R_2| < |C_3+C_2|$ 时，系统无演化稳定策略。一般来说，社区居民的揭发成本越低，休闲农业企业不实施环境行为的收益增加量越少，其被社区居民揭发之后给予社区居民的收益越少，政府对休闲农业企业进行的处罚越多，越有利于激发休闲农业企

业实施环境行为。

以上分析仅是为模型构建的需要而在一系列基本前提假设下进行的理论分析，现实情况却更为复杂。例如，社区居民可能由于财力与物力不足、法制意识淡薄、怕得罪人等原因往往不愿意去揭发不实施环境行为的休闲农业企业。还有一种情况是，揭发不实施环境行为的休闲农业企业的社区居民往往无法阻止其他不参与揭发的社区居民却"搭便车"获得一定的收益的行为。因而，为实现休闲农业企业与社区居民的博弈均衡，政府需对社区居民给予一定的法制宣传，强化其法制意识，同时还需对社区居民揭发行为给予一定的奖励及隐私上的保护，以便更好地激发社区居民参与到休闲农业环境行为的行列中来。

三、竞争者环境行为与休闲农业企业环境行为的演化博弈分析

在现实生活中，休闲农业企业环境行为的实施并不是完全的理性的。当一家休闲农业企业自觉履行环境行为却发现竞争者没有履行环境行为而且也没有受到政府的管制与相关惩罚，反而获得额外的利润时，休闲农业企业很有可能会放弃实施环境行为，效仿竞争者的做法。竞争者见自己的行为被效仿而不受处罚，便会继续采取不实施环境行为的做法。直至政府出面对不实施环境行为的休闲农业企业进行管制与惩罚使其经营利润减少时，竞争者才会自觉调整自己的经营策略，从而实施环境行为。由此可见，休闲农业企业会考虑群体中其他经营组织的策略及自身过去实施的策略并做出相应的调整，最终趋向于稳定的策略。从竞争者的角度来说，休闲农业企业环境行为的实施是在研究竞争者的策略下不断做出相应调整的动态学习演化过程，因而适用于演化博弈理论的分析框架。

（一）休闲农业企业环境行为与竞争者环境行为演化博弈模型的基本假设

在不考虑外部环境和其他行为主体的影响下，休闲农业企业环境行为的实施可以看作休闲农业企业与竞争者博弈的结果。为模型建构需要，特作如下基本假设。

假设1：博弈中仅有休闲农业企业与竞争者两个行为主体。由于他们知识、信息、能力等的局限，他们是在相互学习调整的过程中逐渐寻找到较为满意的策略，因此博弈双方都是有限理性的。

假设2：休闲农业企业与竞争者在做出决策前不知道对方的策略与行动，他们是在不完全信息条件下进行利益博弈的。

假设3：休闲农业企业和竞争者均有实施和不实施环境行为两种策略选择。假设休闲农业企业不实施环境行为的收益为 R_1，实施环境行为之后增加的收益为 ΔR_1；竞争者不实施环境行为的收益为 R_2，实施环境行为之后增加的收益为 ΔR_2；休闲农业企业和竞争者因不实施环境行为受到惩罚的概率为 p，惩罚分别为 C_1、C_2。

假设4：假设休闲农业企业选择实施环境行为的概率为 α，不实施的概率为（$1-\alpha$）；竞争者选择实施环境行为的概率为 β，不实施的概率为（$1-\beta$）。

（二）休闲农业企业环境行为与竞争者环境行为演化博弈模型构建

由以上假设可见，当休闲农业企业和竞争者都实施环境行为时，双方的收益分别为 $R_1+\Delta R_1$、$R_2+\Delta R_2$；当休闲农业企业实施环境行为且竞争者不实施环境行为时，双方的收益分别为 $R_1+\Delta R_1$、R_2-pC_2；当休闲农业企业不实施环境行为且竞争者实施环境行为时，双方的收益分别为 R_1-pC_1、$R_2+\Delta R_2$；当休闲农业企业和竞争者都不实施环境行为时，双方的收益分别为 R_1-pC_1、R_2-pC_2。

由以上分析可以得到休闲农业企业和竞争者的博弈矩阵，如表2-7所示。

表 2-7　休闲农业企业与竞争者的博弈矩阵

		竞争者	
		实施	不实施
休闲农业企业	实施	$R_1+\Delta R_1$，$R_2+\Delta R_2$	$R_1+\Delta R_1$，R_2-pC_2
	不实施	R_1-pC_1，$R_2+\Delta R_2$	R_1-pC_1，R_2-pC_2

在休闲农业企业环境行为的演化博弈模型中，经营组织实施与不实施环境行为的期望收益 U_1、U_2 和平均收益 $\overline{U}$ 分别为

$$U_1=\beta（R_1+\Delta R_1）+（1-\beta）（R_1+\Delta R_1） \qquad （2-19）$$

$$U_2=\beta（R_1-pC_1）+（1-\beta）（R_1-pC_1） \qquad （2-20）$$

$$\overline{U}=\alpha U_1+（1-\alpha）U_2 \qquad （2-21）$$

同理，竞争者实施与不实施环境行为的期望收益 V_1、V_2 和平均收益 $\overline{V}$ 分别为

$$V_1=\alpha（R_2+\Delta R_2）+（1-\alpha）（R_2+\Delta R_2） \qquad （2-22）$$

$$V_2=\alpha（R_2-pC_2）+（1-\alpha）（R_2-pC_2） \qquad （2-23）$$

$$\overline{V}=\beta V_1+（1-\beta）V_2 \qquad （2-24）$$

根据复制动态方程的计算方法（谢识予，2007），可得休闲农业企业和竞争者实施环境行为的复制动态方程组为

$$\begin{cases} F（\alpha）=\mathrm{d}\alpha/\mathrm{d}t=\alpha(U_1-\overline{U})=\alpha(1-\alpha)(\Delta R_1+pC_1) & （2-25） \\ F（\beta）=\mathrm{d}\beta/\mathrm{d}t=\beta(V_1-\overline{V})=\beta(1-\beta)(\Delta R_2+pC_2) & （2-26） \end{cases}$$

令 $F（\alpha）=0$，$F（\beta）=0$，可得到复制动态方程组的四个均衡点（0，0）、（0，1）、（1，0）、（1，1）。

（三）休闲农业企业环境行为与竞争者环境行为演化博弈模型分析

1. 均衡点的稳定性分析

分别对 $F（\alpha）$、$F（\beta）$ 求出关于 α、β 的偏导数可得复制动态方程组的雅

可比矩阵为

$$J = \begin{vmatrix} dF(\alpha)/d\alpha & dF(\alpha)/d\beta \\ dF(\beta)/d\alpha & dF(\beta)/d\beta \end{vmatrix}$$

$$= \begin{vmatrix} (1-2\alpha)(\Delta R_1 + pC_1) & 0 \\ 0 & (1-2\beta)(\Delta R_2 + pC_2) \end{vmatrix} \qquad (2-27)$$

雅可比矩阵在四个均衡点的行列式和迹及其稳定性的分析结果如表 2-8、表 2-9 所示。

表 2-8　休闲农业企业环境行为与竞争者环境行为演化博弈模型
各个均衡点所在矩阵的行列式和迹

均衡点	J 的行列式	J 的迹
(0, 0)	$(\Delta R_1 + pC_1)(\Delta R_2 + pC_2)$	$\Delta R_1 + pC_1 + \Delta R_2 + pC_2$
(0, 1)	$-(\Delta R_1 + pC_1)(\Delta R_2 + pC_2)$	$\Delta R_1 + pC_1 - \Delta R_2 - pC_2$
(1, 0)	$-(\Delta R_1 + pC_1)(\Delta R_2 + pC_2)$	$-\Delta R_1 - pC_1 + \Delta R_2 + pC_2$
(1, 1)	$(\Delta R_1 + pC_1)(\Delta R_2 + pC_2)$	$-\Delta R_1 - pC_1 - \Delta R_2 - pC_2$

表 2-9　休闲农业企业环境行为与竞争者环境行为演化博弈模型各个均衡点的稳定性分析

限定条件		稳定点 ESS
$\Delta R_1 \geq 0,\ \Delta R_2 \geq 0$		(1, 1)
$\Delta R_1 < 0,\ \Delta R_2 < 0$	$-\Delta R_1 > pC_1,\ -\Delta R_2 > pC_2$	(0, 0)
	$-\Delta R_1 > pC_1,\ -\Delta R_2 < pC_2$	(0, 1)
	$-\Delta R_1 < pC_1,\ -\Delta R_2 > pC_2$	(1, 0)
	$-\Delta R_1 < pC_1,\ -\Delta R_2 < pC_2$	(1, 1)
	$-\Delta R_1 = pC_1$ 或 $-\Delta R_2 = pC_2$	无稳定点
$\Delta R_1 \geq 0,\ \Delta R_2 < 0$	$-\Delta R_2 > pC_2$	(1, 0)
	$-\Delta R_2 < pC_2$	(1, 1)
	$-\Delta R_2 = pC_2$	无稳定点
$\Delta R_1 < 0,\ \Delta R_2 \geq 0$	$-\Delta R_1 > pC_1$	(0, 1)
	$-\Delta R_1 < pC_1$	(1, 1)
	$-\Delta R_1 = pC_1$	无稳定点

由表 2-9 可以看出，ΔR_1、ΔR_2、pC_1、pC_2 的数值大小影响了休闲农业企业环境行为演化博弈模型的稳定性。

当 ΔR_1、ΔR_2、pC_1、pC_2 的数值符合如下四个条件之一时，该系统有一个稳定均衡点（1，1）。限定条件为：① $\Delta R_1 \geq 0$，$\Delta R_2 \geq 0$；② $\Delta R_1 < 0$，$\Delta R_2 < 0$ 且 $-\Delta R_1 < pC_1$，$-\Delta R_2 < pC_2$；③ $\Delta R_1 \geq 0$，$\Delta R_2 < 0$ 且 $-\Delta R_2 < pC_2$；④ $\Delta R_1 < 0$，$\Delta R_2 \geq 0$ 且 $-\Delta R_1 < pC_1$。此时当休闲农业企业和竞争者都实施环境行为，其环境行为的动态演化过程可由图 2–5 所示的动态演化相位展现。在平面 $M = \{(\alpha, \beta); 0 \leq \alpha \leq 1, 0 \leq \beta \leq 1\}$ 上，该系统最终趋向于吸引子 B 点（1，1）。

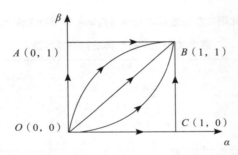

图 2–5　休闲农业企业环境行为与竞争者环境行为演化博弈模型系统动态演化的相位图（1）

当 ΔR_1、ΔR_2、pC_1、pC_2 的数值符合 $\Delta R_1 < 0$，$\Delta R_2 < 0$ 且 $-\Delta R_1 > pC_1$，$-\Delta R_2 > pC_2$ 的条件时，该系统有一个稳定均衡点（0，0）。此时当休闲农业企业和竞争者都不实施环境行为，其环境行为的动态演化过程可由图 2–6 所示的动态演化相位展现。在平面 $M = \{(\alpha, \beta); 0 \leq \alpha \leq 1, 0 \leq \beta \leq 1\}$ 上，该系统最终趋向于吸引子 O 点（0，0）。

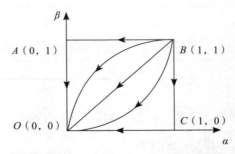

图 2–6　休闲农业企业环境行为与竞争者环境行为演化博弈模型系统动态演化的相位图（2）

当 ΔR_1、ΔR_2、pC_1、pC_2 的数值符合如下两个条件之一时，该系统有一个稳定均衡点（1，0）。限定条件为：① $\Delta R_1 < 0$，$\Delta R_2 < 0$ 且 $-\Delta R_1 < pC_1$，$-\Delta R_2 > pC_2$；② $\Delta R_1 \geqslant 0$，$\Delta R_2 < 0$ 且 $-\Delta R_2 > pC_2$。此时当休闲农业企业实施环境行为，竞争者不实施环境行为，其环境行为的动态演化过程可由图 2-7 所示的动态演化相位展现。在平面 $M=\{(\alpha, \beta); 0 \leqslant \alpha \leqslant 1, 0 \leqslant \beta \leqslant 1\}$ 上，该系统最终趋向于吸引子 C 点（1，0）。

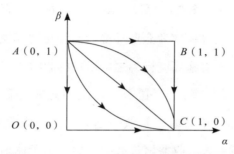

图 2-7 休闲农业企业环境行为与竞争者环境行为演化博弈模型系统动态演化的相位图（3）

当 ΔR_1、ΔR_2、pC_1、pC_2 的数值符合如下两个条件之一时，该系统有一个稳定均衡点（0，1）。限定条件为：① $\Delta R_1 < 0$，$\Delta R_2 < 0$ 且 $-\Delta R_1 > pC_1$，$-\Delta R_2 < pC_2$；② $\Delta R_1 < 0$，$\Delta R_2 \geqslant 0$ 且 $-\Delta R_1 > pC_1$。此时当休闲农业企业实施环境行为，竞争者不实施环境行为，其环境行为的动态演化过程可由图 2-8 所示的动态演化相位展现。在平面 $M=\{(\alpha, \beta); 0 \leqslant \alpha \leqslant 1, 0 \leqslant \beta \leqslant 1\}$ 上，该系统最终趋向于吸引子 A 点（0，1）。

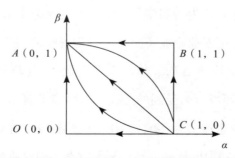

图 2-8 休闲农业企业环境行为与竞争者环境行为演化博弈模型系统动态演化的相位图（4）

当 ΔR_1、ΔR_2、pC_1、pC_2 的数值符合如下三个条件之一时，该系统无稳定均衡点。限定条件为：① $\Delta R_1 < 0$，$\Delta R_2 < 0$ 且 $-\Delta R_1 = pC_1$ 或 $-\Delta R_2 = pC_2$；② $\Delta R_1 \geqslant 0$，$\Delta R_2 < 0$ 且 $-\Delta R_2 = pC_2$；③ $\Delta R_1 < 0$，$\Delta R_2 \geqslant 0$ 且 $-\Delta R_1 = pC_1$。此时休闲农业企业和竞争者是否实施环境行为取决于博弈双方相互学习的速度。

2. 模型参数变化的影响

由表 2-9 及图 2-5 ～图 2-8 可以看出，休闲农业企业与竞争者不实施环境行为的收益 R_1、R_2 对休闲农业企业环境行为演化博弈模型没有影响。而休闲农业企业与竞争者因实施环境行为之后增加的收益为 ΔR_1、ΔR_2，因不实施环境行为受到惩罚的概率 p，惩罚 C_1、C_2 对演化博弈模型影响显著。

当 ΔR_1、ΔR_2 都为正数时，其数值越大，休闲农业企业与竞争者实施环境行为的可能性就越大。收益增长额的增加有利于休闲农业企业实施环境行为。

当 ΔR_1、ΔR_2 至少有一方为负数时，只要惩罚金额 pC_i（$i=1,2$）大于为负数那方的收益增长额的绝对值，收益增长额为负数的休闲农业企业也还是会实施环境行为。因为此时政府的环境监管起到一定的监督作用，促使休闲农业企业实施环境行为。因此，提高惩罚的概率 p，加大惩罚 C_1、C_2，同样也有利于休闲农业企业实施环境行为。

3. 模型分析结论与探讨

休闲农业企业环境行为的实施是在考虑自身与竞争者的策略博弈过程中不断演化出来的。休闲农业企业实施环境行为的收益增长额 ΔR_1、竞争者实施环境行为的收益增长额 ΔR_2、休闲农业企业不实施环境行为受到的惩罚 pC_1、竞争者不实施环境行为受到的惩罚 pC_2 影响了演化博弈模型的稳定性。一般来说，休闲农业企业实施环境行为的收益增长额越高，不实施环境行为受到惩罚的概率与惩罚力度越高，越有利于激发休闲农业企业实施环境行为。

　　以上分析仅是为模型构建的需要而在一系列基本前提假设下进行的理论分析，现实情况却更为复杂。例如，休闲农业企业之间也可能会存在"搭便车"的心理，一方认为对方如果实施环境行为的话，其经营成本就会提升，旅游产品价格可能也会随之提高，这样其市场竞争力便会削弱，自己不实施环境行为却反而会因为对方实施环境行为而获得一定的益处。再如，休闲农业企业一方可能也会认为不实施环境行为的竞争对手刚被政府处罚过，政府的处罚可能是"杀一儆百"，没有那么快轮到自己被处罚，因而产生不实施环境行为的念头。由此可见，为实现休闲农业企业与竞争者的博弈均衡，政府还需采取切实手段加强对休闲农业企业的监督和管理，对不实施环境行为的休闲农业企业给予严重的惩罚和警告，促使其积极履行环境行为，以促进休闲农业持续稳定发展。

第三章　休闲农业企业环境行为形成机理的理论模型分析

从第一章对企业环境行为的研究综述中可以看出，学者们提出了众多影响企业环境行为的因素，其研究或偏向单一因素，或偏向多因素，缺乏一定的理论框架指导，研究系统性不强。通过研究企业环境行为影响因素的三个具有代表性的理论模型（Carroll 的金字塔模型、Stokols 和 Altman 的复杂环境行为模型、Wood 的三维模型），可以看出复杂环境行为模型对企业环境行为有较好的解释能力，是目前使用频率较高的一种模型。该模型的广泛运用也说明了该模型具有较高的开放性和良好的可扩展性。因此，本书以复杂环境行为模型为基础研究休闲农业企业环境行为的形成机理。

复杂环境行为模型由 Stokols 和 Altman 于 1987 年提出，该模型认为企业环境行为受一系列复杂因素的影响，是由社会制度、经济激励等外部因素及环境态度、环境信息、环境行为意向等内部因素共同作用的结果。由于不同区域、不同单位、不同行为主体的环境行为及其驱动因素差异较大，在运用复杂环境行为模型时有必要对该模型中的研究变量进行适当的增减，以更好地贴合现实实际（杨启航，2013）。

第一节　理论模型变量的设置及各层变量间的关系假设

为了使休闲农业企业环境行为形成机理理论模型中的研究变量筛选更为科学可靠，本书以复杂环境行为模型为基础，结合经济学理论及组织制度理论、利益相关者理论、企业文化理论、资源依赖理论等管理学理论，同时通过面对面交谈、邮件、短信、微信、QQ 等多种方式对环境学、行为学、旅游学、管理学、经济学等各学科的专家进行信息咨询，深入部分福建省休闲农业旅游点进行调研，与福建省休闲农业企业的主要领导者进行交流访谈，由此将休闲农业企业环境行为形成机理的理论模型变量提炼为环境规制、利益相关者压力两种外部因素及利益链条、管理层环境意识、信息与技术资源三种内部因素，其中把管理层环境意识作为中介调节变量。

一、环境规制变量及相关关系假设

依据组织制度理论，组织既受到技术环境也受到制度环境的影响，组织行为受到社会规则系统的控制，制度环境要求组织要服从"合法性"机制湛正群等（2006）。对于休闲农业企业而言，环境规制是政府为提高其环境绩效水平、引导其实施环境行为而依法对其进行干预、监督和管理的一种手段。环境规制具有强有力的约束力量，规范着休闲农业企业的环境行为，使其在符合"合法性"机制的情况下实现正常运行。由此可见，休闲农业企业作为一种组织形式也必然受到环境规制等制度因素的影响。

环境规制对休闲农业企业环境行为的驱动作用可通过法律法规、环境监管、政策扶持、奖惩措施等手段实现。首先，相关法律法规的强制约束迫使休闲农业企业采取环境行为以避免遭到严重的行政处罚。诸如《环境保护法》《噪声污染防治法》《水污染防治法》等国家颁布的保护资源环境的强制性法律，《旅游景区质量等级的划分与评定》《国家生态旅游示范区建设与运营规范》《福建省乡村旅游经营单位服务质量等级划分与评定》《福建省乡村旅游休闲集镇建设与服务规范》等部门和行业颁布的涉及资源环境保护的国家性或区域性条例、标准，都是休闲农业企业必须遵守的。其次，相关部门的环境监管也对休闲农业企业环境行为的产生具有较强的驱动力。它与相关法律法规的强制约束相辅相成，共同引导休闲农业企业采取环境行为。再次，地方政府的政策扶持尤其是在资金、技术、信息、规划等方面的扶助将为休闲农业企业注入更多的生机，给予其更多的动力来实施环境行为。最后，政府根据休闲农业企业采取环境行为的情况给予合适的奖罚措施也有助于休闲农业企业环境行为的实施。

学术界大部分企业环境行为的相关研究都提到了环境规制因素，学者们普遍认为环境规制是驱动企业实施环境行为的重要因素。而且从企业环境行为实施的历程来看，企业早期实施环境行为的原因主要是获取政府环境规制为自身带来的利益及消除政府环境规制给自身带来的不利影响。Heeres 等（2004）、Gray 等（2004）、彭海珍（2007）均认为环境规制压力能驱动企业环境行为的实施；而余瑞祥和朱清（2009），侯贵生、殷孟亚、杨磊（2016），常建伟、赵刘威、杜建国（2017）则指出环境规制压力可以促进企业环境行为实施，但是当企业实施环境行为的成本大于收益时则会抑制企业环境行为实施；徐松鹤（2018）通过对公众参与地方政府与企业环境行为的演化博弈分析，认为应加大对企业消极治污的处罚力度，才能有效遏制企业的机会主义行为；赵黎明和陈妍庆（2018）指出政府环境规制能够促使企业积极履行污染治理义务。

据此，本书提出如下假设。

A. 环境规制对休闲农业企业环境行为有正向作用，即政府环境规制的强度越大，休闲农业企业实施环境行为的可能性越大。

由于休闲农业企业环境行为可划分为四种类型，因此本假设可具体细化如下。

a. 环境规制对环境战略制定有正向作用。

b. 环境规制对环境过程管理有正向作用。

c. 环境规制对环境宣传教育有正向作用。

d. 环境规制对环境信息沟通有正向作用。

二、利益相关者压力变量及相关关系假设

所谓利益相关者即能够影响企业行为或者是被企业行为所影响的人或团体（张宝贵，2005）。利益相关者理论颠覆了"股东利益至上"理论，认为企业的发展离不开利益相关者的参与，企业行为的选择应综合平衡各个利益相关者的要求。由此，休闲农业企业环境行为的产生也受利益相关者压力的驱动。这些利益相关者主要包括社区居民、消费者、竞争者、投资者、政府机构等，他们会以不同的形式对休闲农业企业环境行为产生不同程度的影响。①休闲农业旅游点周边的社区居民对休闲农业企业环境行为的感知最为直接也最为敏感。他们最希望通过休闲农业开发能使自己的生活环境得到改善和提升，其生活环境一旦遭受破坏，他们便可通过政府组织、行业协会、社会舆论、自发的环保运动等多种途径向休闲农业企业施加压力，促使其实行环境行为。②面对当今的绿色消费潮流，消费者对绿色农产品及清新自然环境与原生态人文环境有着更大的偏好与需求，休闲农业企业唯有从长远角度出发实施环境行为才有利于赢得更大更稳定的客源市场。③竞争者若采取绿色产品设计、环境污染预防与治理、环境宣传教育等手段，则节约了污染治理

成本，保护了绿色生态环境，在行业内有更好的竞争优势，这在一定程度上会驱使休闲农业企业迫于竞争者带来的压力而做出环境行为的选择。④投资者出于整体经济利益的考虑需要权衡休闲农业企业因环境破坏带来的处罚成本与因良好环境行为节约的生产成本及由此带来的其他收益之间的利益大小。通常，实施环境行为的休闲农业企业单位形象、产品形象、品牌形象、公众口碑等更为良好，经济绩效更高，投资者也会更倾向于选择这样的经营组织，从而给予更多的资金支持。⑤政府机构对环境绩效的关注、社会舆论的监督都是推动休闲农业企业采取环境行为的力量。

学者们对利益相关者压力对企业环境行为的推动作用进行了不少探讨。如张志鹏和胡平（2002）指出学术界、媒体、环境组织等部门对环境问题的关注迫使政府制定政策以引导、约束企业行为，促使其进行绿色管理；Banerjee等（2003）研究了工业企业的环境制度，认为社区居民的压力有利于促进工业企业实施环境行为；赵领娣，巩天雷（2003）指出消费者、股东、公众等利益相关者驱动着企业制定环境战略；Anton等（2004），李胜、徐海艳、戴岱（2008）探讨了中小企业环境战略的驱动因素，认为公众、竞争者、供应商及市场的潜在绿色进入者迫使中小企业不得不面对环境问题以获得在市场上生存的权利；Delmas等（2004），Liu等（2010）指出同业竞争者行为的压力可促进企业对市场环境的认知；Cheung等（2010）、徐佳（2018）认为公众压力可通过影响其他利益相关者以制裁或不认同的方式促使企业实施环境行为。

据此，本书提出如下假设。

B.利益相关者压力对休闲农业企业环境行为有正向作用，即利益相关者给休闲农业企业施加的压力越大，其越有可能实施环境行为。

由于休闲农业企业环境行为可划分为四种类型，因此本假设可具体细化如下。

a. 利益相关者压力对环境战略制定有正向作用。

b. 利益相关者压力对环境过程管理有正向作用。

c. 利益相关者压力对环境宣传教育有正向作用。

d. 利益相关者压力对环境信息沟通有正向作用。

三、利益链条变量及相关关系假设

经济学理论中的理性经济人假设认为经济决策的主体是充满理性的，其所追求的目标是使自己的利益最大化。同样，休闲农业企业所追求的目标也是使自己的利益最大化。因而，其环境行为的实施受到各种利益链条尤其是经济利益的驱动。这里说的利益链条主要是指增加经济利润、吸引金融投资、获得环保政策优惠、增强市场竞争力等实施环境行为而带来的各项利益。可以说，利益链条是休闲农业企业实施环境行为的根本内在动因。如果休闲农业企业实施环境行为的收益大于成本，这种效益的增加则会推动休闲农业企业实施环境行为；如果休闲农业企业实施环境行为的收益小于成本，休闲农业企业往往不愿意实施环境行为。

休闲农业企业为了节约因环境污染造成的治理成本，获取更多的经济回报，在经济利益的驱动下实施环境行为，不仅有利于赢得良好市场形象，还有利于增强综合竞争力，一举多得。具体来说，首先，休闲农业企业实施环境行为，在开发过程中注重休闲农业环境保护，有利于节约资源和能源成本，减少排污罚款与赔偿，同时也有利于提高休闲农业企业生产效率，增加利润；其次，休闲农业企业若能在开发经营时制定科学的环境战略，有意识进行环境宣传教育，有针对性地开展环境信息沟通等工作，从长远的角度来看，这有利于节省环境管理成本，吸引更多金融投资，在竞争市场上获得更多的先发优势，在环保政策优惠方面也能获得更多的实惠与好处。

目前学术界对利益链条这一驱动因素的研究更多偏向经济利润这一因

素，如倪武帆（2004）认为企业会为了提高竞争力、获得良好的市场形象而
生产绿色产品，实施环境行为；周群艳、周德群（2000），张劲松（2008）均
指出企业出于利润动机会采取合理的环境管理行为降低产品生产成本；布兰
科、雷伊马凯拉、洛扎诺（2009）对旅游企业环境行为进行研究，指出其环
境行为的实施主要是为了追寻更大的经济利益；张连华、王文波、邓泽宏等
（2018）认为企业环境行为受资产收益率、利润率、资产总额、资产增值率、
循环经济收益率等利益因素的驱动。

据此，本书提出如下假设。

C. 利益链条对休闲农业企业环境行为有正向作用，即休闲农业企业实施
环境行为带来的利益越多，其越有可能实施环境行为。

由于休闲农业企业环境行为可划分为四种类型，因此本假设可具体细化
如下。

a. 利益链条对环境战略制定有正向作用。

b. 利益链条对环境过程管理有正向作用。

c. 利益链条对环境宣传教育有正向作用。

d. 利益链条对环境信息沟通有正向作用。

四、管理层环境意识变量及相关关系假设

企业文化理论认为企业管理层对于自身工作所传达出来的态度与价值观
念影响着企业全体人员的态度和行为（刘晓英，2007）。管理层积极主动的工
作态度能够对员工努力工作产生积极影响。由此可见，管理层环境意识对于
休闲农业企业环境行为的实施往往也能起到关键作用。管理层自身对周边自
然与人文环境感知的差异、对环境问题态度的差异将导致休闲农业企业环境
行为上的差异。首先，管理层关于环境保护的社会责任感越强，其在进行休
闲农业经营管理时就越有可能重视休闲农业环境管理；其次，管理层对环境

知识的掌握程度越高，越容易产生环境意识，也越容易意识到履行环境行为带来的好处及利益；再次，关注相关环境政策法规的管理层环境意识较强，更容易把对环境的关注融入其经营理念与经营战略中去，从而产生环境行为；最后，管理层越重视休闲农业环境质量管理，就越倾向于把环境行为付诸实践，从而产生良好的环境效益及由此带来的经济效益与社会效益。

目前已有不少学者证实管理层环境意识对企业环境行为具有正向作用。赵领娣和巩天雷（2003），李胜、徐海艳、戴岱（2008）均指出企业领导的环境意识是影响企业制定环境战略最为关键的因素，只有在企业领导环境意识的引导下，企业才能建立起环境组织结构和环保文化；张鳗（2005）运用环境反应函数探讨企业环境管理决策的影响因素，指出企业环境管理决策受管理者环境意识的影响；杨东宁和周长辉（2005）对287家大中型工业企业的调查实证研究表明管理层环境导向的企业内部合宜性驱动力对企业自愿采用标准化环境管理体系的行为有显著的正面影响；Kasim（2009）以酒店行业为例对管理层环境意识专门展开研究，结果表明酒店管理层环境意识对企业环境行为有显著影响；陈怡秀和胡元林（2016）证实企业管理认知对重污染企业环境行为具有显著影响。而环境意识作为中介变量影响环境行为的相关研究也得到不少学者的验证。例如，王民（2002）认为环境态度是环境意识的关键连结点，其对中小学生环境行为的研究发现环境知识可以通过环境态度从而影响环境行为，提出了"环境知识—环境态度—环境行为"模式；Barr（2003）指出居民环境价值观通过环境态度间接影响环境行为。

据此，本书提出如下假设。

D. 管理层环境意识对休闲农业企业环境行为有正向作用，即休闲农业企业管理层的环境意识越高，其越有可能实施环境行为。

由于休闲农业企业环境行为可划分为四种类型，因此本假设可具体细化如下。

a. 管理层环境意识对环境战略制定有正向作用。

b. 管理层环境意识对环境过程管理有正向作用。

c. 管理层环境意识对环境宣传教育有正向作用。

d. 管理层环境意识对环境信息沟通有正向作用。

本书把管理层环境意识作为中介变量考虑,在此提出对中介变量的研究假设。

E. 各类因素通过影响管理层环境意识而对四类休闲农业企业环境行为的形成产生影响。

a. 环境规制通过影响管理层环境意识而对四类休闲农业企业环境行为的形成产生影响。

b. 利益相关者压力通过影响管理层环境意识而对四类休闲农业企业环境行为的形成产生影响。

c. 利益链条通过影响管理层环境意识而对四类休闲农业企业环境行为的形成产生影响。

d. 信息与技术资源通过影响管理层环境意识而对四类休闲农业企业环境行为的形成产生影响。

五、信息与技术资源变量及相关关系假设

资源依赖理论认为组织需要依赖多种不同的资源以保障自己的利益,减少或避免环境变化带来的冲击,维持组织正常运行(马迎贤,2005)。在信息技术飞速发展的当代社会,休闲农业企业实施环境行为也需要依赖信息和技术资源的支持。离开信息和技术资源的支持,休闲农业企业实施环境行为往往寸步难行。例如,若休闲农业企业环境信息收集渠道不够广阔,环境信息平台不够完善,则休闲农业企业很难基于模糊的环境现状认知与片面的环境知识来实施全面的环境行为;若休闲农业企业环境技术种类过于单一,环境

技术手段不够成熟，则休闲农业企业也很难在当代多变的环境形势下实施针对性强、效果良好的环境行为。由此可见，信息与技术资源是休闲农业企业实施环境行为的重要保障。

目前，学术界关于信息技术资源对企业环境行为的研究较少，但在少数的相关研究中，学者们也通过不同的角度证实了信息技术资源对企业环境行为的正向作用。如赵领娣和巩天雷（2003）认为环保技术的发展与应用给企业带来了巨大的竞争压力，国外很多国家已经要求没有环保标志的产品不得进入市场，这就使得企业要生存就须采用先进的环保技术，按照标准执行；张鳗（2005）建立了企业环境管理决策的环境反应函数，指出企业制定环境管理决策受自身技术状况的影响；李富贵、甘复兴、邓德明等（2007）建立了基于知识的企业环境行为模型，认为企业用于环境管理的知识资源越多，企业的环境行为水平就越高；Elabras 等（2009）认为信息与技术资源是生态工业园构建产业生态系统的关键因素；刘凌（2021）认为技术资源是实施强制性环保改造的重要技术保障。

据此，本书提出如下假设。

F. 信息与技术资源对休闲农业企业环境行为有正向作用，即休闲农业企业所接触的信息与技术资源越多，其越有可能实施环境行为。

由于休闲农业企业环境行为可划分为四种类型，因此本假设可具体细化如下。

a. 信息与技术资源对环境战略制定有正向作用。

b. 信息与技术资源对环境过程管理有正向作用。

c. 信息与技术资源对环境宣传教育有正向作用。

d. 信息与技术资源对环境信息沟通有正向作用。

第二节 理论模型的架构设计

以上内容对休闲农业企业环境行为形成机理理论模型各变量进行了分析，把环境规制、利益相关者压力作为外部驱动因素考虑，把利益链条、管理层环境意识、信息与技术资源作为内部驱动因素考虑，这五种驱动力共同构成了休闲农业企业环境行为形成机理理论模型的五大变量。目前，休闲农业企业环境行为的形成以外部驱动力为主，尤其是环境规制驱动，其驱动力量最强；内部驱动力总体力量较弱，利益链条驱动是内部驱动力的主要来源，管理层环境意识、信息与技术资源等驱动力量不足，但却也是较为重要的驱动力量。总体上，五大类驱动力不能实现均衡有效发展，需有效整合各种驱动力量，在环境规制与利益链条驱动的基础上，充分发挥利益相关者的作用，增强管理层环境意识，拓展环境信息收集渠道，配套环境技术资源，积极促进休闲农业企业实施环境行为。

除内外部驱动力之外，组织自身特征也会对休闲农业企业环境行为的形成产生影响。学术界也对此展开了一系列研究。例如，关劲峤、黄贤金、刘晓磊等（2005）通过对太湖流域印染企业环境行为进行研究，指出企业所有制性质对企业环境行为有显著影响；Hussey 等（2007）发现规模不同的企业环境行为实施情况也较为不同；潘霖（2011）也指出企业规模及企业所有制性质对企业环境行为有显著影响；张海（2013）发现酒店规模、等级、成长周期等特点对酒店环境行为有显著影响；任广乾、周雪娅、李昕怡等（2021）指出产权性质、公司治理等企业内部因素对企业环境行为有显著作用。休闲农业企业自身的地理区位、组织规模、运营年限、组织等级、经营管理方式等特征也会在一定程度上影响着其环境行为实施。据此，本书提出如下假设。

G. 不同休闲农业企业环境行为有显著差异。

a. 不同地理区位的休闲农业企业环境行为有显著差异。

b. 不同组织规模的休闲农业企业环境行为有显著差异。

c. 不同运营年限的休闲农业企业环境行为有显著差异。

d. 不同组织等级的休闲农业企业环境行为有显著差异。

e. 不同经营管理方式的休闲农业企业环境行为有显著差异。

H. 不同休闲农业企业环境行为形成机理有显著差异。

a. 不同地理区位的休闲农业企业环境行为形成机理有显著差异。

b. 不同组织规模的休闲农业企业环境行为形成机理有显著差异。

c. 不同运营年限的休闲农业企业环境行为形成机理有显著差异。

d. 不同组织等级的休闲农业企业环境行为形成机理有显著差异。

e. 不同经营管理方式的休闲农业企业环境行为形成机理有显著差异。

由此，本书构建了休闲农业企业环境行为形成机理的理论模型，如图3-1所示。

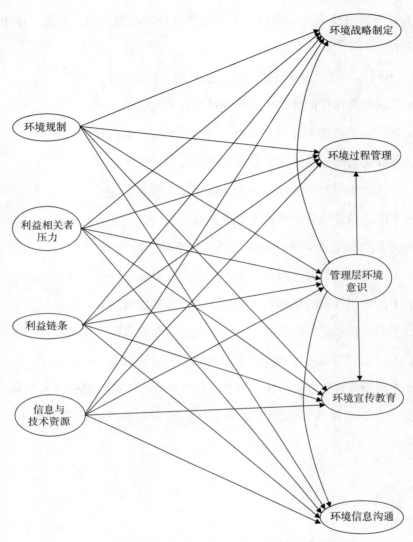

图 3-1　休闲农业企业环境行为形成机理的理论模型

第四章　休闲农业企业环境行为形成机理的实证方案设计

第一节　初始量表设计

　　量表设计得科学与否直接影响着实证研究结果的准确性。为保证研究量表的科学性，也为了使被调查对象能够更顺畅地完成调查问卷，本书的量表设计应秉承语言简洁明了、问题清晰明确、格式相对统一的原则，采用中性态度提问，题量适当。

　　本书根据上一章节提出的休闲农业企业环境行为形成机理理论模型中的各个变量，来设计各变量的测量问项。首先，通过文献检索法对已有研究中相关变量的测量问项进行收集、整理，形成测量问项的项目库。其次，去除表述不清的题项，合并重复提到的题项，并根据休闲农业企业环境行为的具体特点对测量问项进行筛选、精炼、修改。最后，请环境学、行为学、旅游学、管理学、经济学等各学科的专家及休闲农业企业的政府管理部门、经营管理者对测量问项的措辞及研究量表的设计进行审阅、把关，经过一系列修改调整之后形成初始量表。初始量表需经过预调研之后进行修正与完善才能最终形成正式的测量量表。

一、初始量表测量问项的设置

休闲农业企业环境行为形成机理的初始量表分为环境行为、环境行为形成机理、企业基本信息三大部分。为防止休闲农业企业反感，本书量表把企业基本信息部分放到最后一部分，第一部分为环境行为，第二部分为环境行为形成机理。

"环境行为"部分的测量倘若使用简单的"实施"与"不实施"问项显然无法准确测量休闲农业企业环境行为实施的具体情况，而且也更容易使休闲农业企业隐瞒实际情况。基于此，本书采取多问项复合测量的方式多层面多角度地测量休闲农业企业环境行为实施的相关情况。根据第二章对休闲农业企业环境行为的分类，休闲农业企业环境行为包括环境战略制定、环境过程管理、环境宣传教育、环境信息沟通四个潜变量。对于这部分本书共开发了 17 个测量问项，其中"环境战略制定"潜变量的测量问项有"有负责休闲农业环境管理的部门""有制定专门的休闲农业环境管理政策""配有熟识休闲农业环境管理的专家""将环境目标作为休闲农业发展目标" 4 个问项；"环境过程管理"潜变量的测量问项有"建筑风格与周边环境相协调""采购低碳节能材料和设备""注重节约资源和能源（如水、煤、电等）""废弃物分类回收、资源化处理" 4 个问项；"环境宣传教育"潜变量的测量问项有"进行休闲农业环境形象的宣传""有休闲农业环境宣传教育的解说系统""举办过休闲农业环境保护主题活动（后文对此处有说明）""对员工开展节能环保培训""引导或鼓励实施保护休闲农业环境的行为""制止或劝导实施破坏休闲农业环境的行为" 6 个问项；"环境信息沟通"潜变量的测量问项有"征集、反馈游客对休闲农业环境行为的建议""与其他休闲农业点交流环保信息与经验""对外公开环境信息" 3 个问项。

本书对"环境行为形成机理"部分的测量也采取多问项复合测量的方式。根据上一章提出的休闲农业企业环境行为形成机理理论模型，休闲农业企业环境行为形成机理理论模型变量包含环境规制、利益相关者压力、利益链条、管理层环境意识、信息与技术资源五个潜变量。对于这部分本书共开发了 20 个测量问项，其中"环境规制"潜变量的测量问项有"相关法律法规的强制约束促使我实施环境行为""相关部门的环境监管促使我实施环境行为""地方政府的政策扶持促使我实施环境行为""相关奖罚措施促使我实施环境行为" 4 个问项；"利益相关者压力"潜变量的测量问项有"社区居民较高的环保要求促使我实施环境行为""消费者对绿色农产品及良好生态环境的需求促使我实施环境行为""竞争者环境绩效的提高促使我实施环境行为""投资者对良好环境形象的经营组织的青睐促使我实施环境行为""政府机构对环境绩效的关注促使我实施环境行为" 5 个问项；"利益链条"潜变量的测量问项有"因实施环境行为可节省成本、增加利润而促使我实施环境行为""因实施环境行为可吸引更多金融投资而促使我实施环境行为""因实施环境行为可获得环保政策优惠而促使我实施环境行为""因实施环境行为可赢得良好市场形象，增强市场竞争力而促使我实施环境行为" 4 个问项；"管理层环境意识"潜变量的测量问项有"环境社会责任促使我实施环境行为""对环境知识的掌握程度较高促使我实施环境行为""对相关环保政策法规的关注促使我实施环境行为""对休闲农业环境质量管理的关注促使我实施环境行为" 4 个问项；"信息与技术资源"潜变量的测量问项有"环境信息收集渠道越多，我越乐于实施环境行为""环境信息平台越好，我越乐于实施环境行为""环境技术推广程度越高，我越乐于实施环境行为" 3 个问项。

环境行为问项代码的设置以环境行为（environmental behavior）的英文缩写 EB 开头加上数值，环境行为形成机理代码的设置以形成机理（forming mechanism）的英文缩写 FM 开头加上数值。据此，环境行为及其形成机理测量问项的设置如表 4–1、表 4–2 所示。

表 4-1 环境行为测量问项的设置

外生变量	内生变量	代码	测量问项
环境行为	环境战略制定	EB1	有负责休闲农业环境管理的部门
		EB2	有制定专门的休闲农业环境管理政策
		EB3	配有熟识休闲农业环境管理的专家
		EB4	将环境目标作为休闲农业发展目标
	环境过程管理	EB5	建筑风格与周边环境相协调
		EB6	采购低碳节能材料和设备
		EB7	注重节约资源和能源（如水、煤、电等）
		EB8	废弃物分类回收、资源化处理
	环境宣传教育	EB9	进行休闲农业环境形象的宣传
		EB10	有休闲农业环境宣传教育的解说系统
		EB11	举办过休闲农业环境保护主题活动
		EB12	对员工开展节能环保培训
		EB13	引导或鼓励实施保护休闲农业环境的行为
		EB14	制止或劝导实施破坏休闲农业环境的行为
	环境信息沟通	EB15	征集、反馈游客对休闲农业环境行为的建议
		EB16	与其他休闲农业点交流环保信息与经验
		EB17	对外公开环境信息

表 4-2 环境行为形成机理测量问项的设置

外生变量	内生变量	代码	测量问项
环境行为形成机理	环境规制	FM1	相关法律法规的强制约束促使我实施环境行为
		FM2	相关部门的环境监管促使我实施环境行为
		FM3	地方政府的政策扶持促使我实施环境行为
		FM4	相关奖罚措施促使我实施环境行为
	利益相关者压力	FM5	社区居民较高的环保要求促使我实施环境行为
		FM6	消费者对绿色农产品及良好生态环境的需求促使我实施环境行为
		FM7	竞争者环境绩效的提高促使我实施环境行为
		FM8	投资者对良好环境形象的经营组织的青睐促使我实施环境行为
		FM9	政府机构对环境绩效的关注促使我实施环境行为

续表

外生变量	内生变量	代码	测量问项
环境行为形成机理	利益链条	FM10	因实施环境行为可节省成本、增加利润而促使我实施环境行为
		FM11	因实施环境行为可吸引更多金融投资而促使我实施环境行为
		FM12	因实施环境行为可获得环保政策优惠而促使我实施环境行为
		FM13	因实施环境行为可赢得良好市场形象，增强市场竞争力而促使我实施环境行为
	管理层环境意识	FM14	环境社会责任促使我实施环境行为
		FM15	对环境知识的掌握程度较高促使我实施环境行为
		FM16	对相关环保政策法规的关注促使我实施环境行为
		FM17	对休闲农业环境质量管理的关注促使我实施环境行为
	信息与技术资源	FM18	环境信息收集渠道越多，我越乐于实施环境行为
		FM19	环境信息平台越好，我越乐于实施环境行为
		FM20	环境技术推广程度越高，我越乐于实施环境行为

为了使被调查对象的选取更具科学性，也使研究结果更具有信度与效度，本书特设计了"企业基本信息"部分，对被调查企业的地理区位、组织规模、运营年限、组织等级、经营管理方式及被调查人员的职位层级等信息进行统计分析。其中，被调查企业的地理区位设置了"城市""城市郊区""农村"3个测量尺度；被调查企业的组织规模用员工数量测量，设置了"≤10""11～50""51～100"">100"4个测量尺度；被调查企业的运营年限设置了"3年以下""3～5年""5～10年""10年以上"4个测量尺度；被调查企业的等级设置了"四星级乡村旅游经营单位""三星级乡村旅游经营单位""未获星级乡村旅游经营单位"3个测量尺度，鉴于本书的实证数据样本取自福建省，福建省目前尚无五星级乡村旅游经营单位，因此在调研问卷中略去"五星级乡村旅游经营单位"这一选项；被调查企业的经营管理方式设置了"自主管理""委托管理""承包经营"3个测量尺度；被调查人员的职位层级设置了"高层管理人员""中层管理人员""基层管理人员"3个测量尺度。

二、初始量表测量问项的赋值

对于测量问项的回答，环境行为及其形成机理部分采用李克特（Likert）五点量表进行设计，企业基本信息部分则采用类别尺度测量。在后期数据处理中，对各个选项进行赋值。"环境行为"部分的赋值："没有考虑"赋值为 1，"计划考虑"赋值为 2，"已经考虑"赋值为 3，"有所实施"赋值为 4，"成功实施"赋值为 5，数值越大说明休闲农业企业环境行为实施得越好。"环境行为形成机理"部分的赋值："非常不同意"赋值为 1，"不太同意"赋值为 2，"中立"赋值为 3，"比较同意"赋值为 4，"非常同意"赋值为 5，数值越大，说明该项因素推动休闲农业企业环境行为形成的作用越大。"企业基本信息"部分的赋值则根据各统计值的问项设计依次从 1 开始往上赋值，其具体赋值分数如表 4-3 所示。

表 4-3 "企业基本信息"测量问项的赋值

变量名称	测量问项的赋值
地理区位	"城市"赋值为 1；"城市郊区"赋值为 2；"农村"赋值为 3
组织规模	"≤ 10"赋值为 1；"11 ～ 50"赋值为 2； "51 ～ 100"赋值为 3；"> 100"赋值为 4
运营年限	"3 年以下"赋值为 1；"3 ～ 5 年"赋值为 2； "5 ～ 10 年"赋值为 3；"10 年以上"赋值为 4
组织等级	"四星级乡村旅游经营单位"赋值为 1；"三星级乡村旅游经营单位"赋值为 2；"未获星级乡村旅游经营单位"赋值为 3
经营管理方式	"自主管理"赋值为 1；"委托管理"赋值为 2；"承包经营"赋值为 3
被调查人员的职位层级	"高层管理人员"赋值为 1；"中层管理人员"赋值为 2；"基层管理人员"赋值为 3

第二节　预调研过程与结果分析

一、预调研问卷发放与回收

为了尽早发现初始量表设计中存在的问题，进一步完善量表设计，需在正式调研之前进行预调研工作。本书的预调研工作由具有丰富调研经验的同行协助完成。这些同行参与了多项横纵向课题，具有较好的发现与解决问题的能力，能够帮助本书预调研工作顺利进行。预调查对象为休闲农业企业的管理者。鉴于中高层管理者对其组织内部的环境管理信息了解更为准确、具体，本书选取的休闲农业企业的管理者以中高层管理者为主。

本书的预调研采用人员访谈、QQ、微信、电子邮件发放的方式。人员访谈的方式是直接到休闲农业点找相关负责人进行面对面的座谈，了解其对初始量表设计的格式、测量问项等的看法，这种方式能够非常直观地观察其在填写问卷时的神情反应，有助于判断被调查人员对初始量表的真实看法。QQ、微信、电子邮件的发放则依托与多家休闲农业企业的友好联系。

预调研问卷回收之后需进行筛选，本书对未答、漏填题项达10%的问卷及作答呈现明显规律的问卷给予作废处理。经统计，本书预调查共发放问卷120份，回收116份，其中无效问卷7份，最终回收有效问卷109份，有效问卷回收率为90.83%。

二、预调研结果分析

（一）描述性统计分析

通过对预调研有效样本及各个测量问项的统计分析，有助于发现预调研数据是否存在明显异常现象。首先，对有效样本的第三部分内容（即企业基本信息）进行统计，主要测量其频数与计算百分比，统计结果如表4-4所示。从中可以发现预调研样本的选择没有明显偏向某一类型的休闲农业企业，总体选择较为合理，具有一定的代表性。其次，对有效样本的各个测量问项（即第一部分和第二部分内容）进行统计，主要测量各个问项的均值、标准差、偏度、峰度，统计结果如表4-5所示。其中，均值体现各个测量问项平均得分的大小，标准差体现各个测量问项得分的离散程度，偏度与峰度体现样本数据是否属于正态分布。正态分布判断的一般标准是偏度与峰度越接近于0，说明样本数据越接近于正态分布。一般情况下，偏度小于2且峰度小于5则说明样本数据是正态分布的（纪春礼，2011）。从表4-5中可以发现各个测量问项的均值不存在过高或过低，标准差不存在非常大，偏度与峰度也在正态分布的范围内，这初步说明预调研有效样本的各个测量问项能够较为准确表达所需测量的内容，暂时无须对量表进行修改。

表 4-4　预调研有效样本的统计特征

变量名称	具体测量问项	频数	百分比
地理区位	城市	11	10.09%
	城市郊区	17	15.60%
	农村	81	74.31%
组织规模	≤ 10	32	29.36%
	11 ～ 50	47	43.12%
	51 ～ 100	21	19.27%
	> 100	9	8.26%

续表

变量名称	具体测量问项	频数	百分比
运营年限	3 年以下	23	21.10%
	3～5 年	41	37.61%
	5～10 年	33	30.28%
	10 年以上	12	11.01%
组织等级	四星级乡村旅游经营单位	6	5.50%
	三星级乡村旅游经营单位	8	7.34%
	未获星级乡村旅游经营单位	95	87.16%
经营管理方式	自主管理	92	84.40%
	委托管理	12	11.01%
	承包经营	5	4.59%
被调查人员的职位层级	高层管理人员	38	34.86%
	中层管理人员	44	40.37%
	基层管理人员	27	24.77%

表 4-5　预调研有效样本各个测量问项的描述性统计分析

测量问项的代码	均值	标准差	偏度	峰度
EB1	2.83	0.845	−0.616	0.019
EB2	3.99	0.877	−0.654	−0.147
EB3	2.74	0.876	−0.314	−0.525
EB4	2.94	1.129	−0.205	−1.009
EB5	3.52	0.728	−0.154	−0.216
EB6	3.40	0.722	−0.183	−0.346
EB7	4.32	0.651	−0.844	1.453
EB8	4.26	0.672	−0.728	0.955
EB9	3.27	0.777	−0.625	0.609
EB10	4.36	0.586	−0.27	−0.673
EB11	2.33	0.746	0.466	0.841
EB12	2.32	1.138	0.453	−0.791
EB13	4.31	0.572	−0.122	−0.594
EB14	3.40	0.61	0.253	−0.13
EB15	3.74	0.798	−0.837	1.591
EB16	2.79	0.771	−0.358	−0.061
EB17	2.20	0.767	0.389	0.002
FM1	3.19	0.726	−0.904	2.14
FM2	4.52	0.587	−0.51	−0.386

测量问项的代码	均值	标准差	偏度	峰度
FM3	3.14	0.763	−0.748	1.216
FM4	3.39	1.122	−0.352	−0.8
FM5	3.20	0.523	0.211	0.052
FM6	4.26	0.551	0.049	−0.365
FM7	2.16	0.626	−0.124	−0.49
FM8	4.09	0.66	−0.1	−0.678
FM9	3.10	0.652	−0.102	−0.624
FM10	4.20	0.574	−0.021	−0.243
FM11	2.15	0.756	0.142	−0.437
FM12	2.50	1.06	0.131	−0.832
FM13	3.80	0.743	−0.208	−0.19
FM14	3.11	0.809	−0.418	0.324
FM15	3.17	0.664	0.369	0.439
FM16	2.21	0.708	0.151	−0.145
FM17	4.10	0.693	−0.137	−0.89
FM18	3.30	0.855	0.184	−0.125
FM19	2.58	1.048	0.38	−0.536
FM20	4.21	0.695	−0.479	−0.178

（二）信度分析

信度是指测量结果的一致性和稳定性。通过信度分析可以减少随机误差，更好地衡量量表测量问项的设置是否合理。检验信度的方法主要有重测信度法、复本信度法、折半信度法、克朗巴哈系数（Cronbach's α）信度系数法等。在李克特量表中最常用的信度检验方法是克朗巴哈系数法，因此本书使用克朗巴哈系数法进行信度分析，以提高测量结果的可靠程度。关于克朗巴哈系数至少达到多少时是量表可以接受的衡量标准，不同学者们的看法与建议不尽相同。本书根据目前学术界采用较为普遍的信度标准（Nunnally 所建议的信度标准）来判断信度是否可靠。其标准为克朗巴哈系数在 0.6 以上说明量表可以接受；克朗巴哈系数在 0.7 以上说明量表信度较高；克朗巴哈系数在

0.8 以上说明量表信度非常好。本书依据该标准进行信度分析,当克朗巴哈低于 0.6 时,需对测量问项进行调整以提高量表的信度。同时为消除预调研量表中的"垃圾问项",可采用 CITC(corrected-item total correlation)的方法净化测量量表。李怀祖(2005)认为 CITC 值达到 0.35 即可满足信度要求,Yoo 等(2001)认为 CITC 值应达到 0.4 即可满足信度要求。本书采取后者更为严格的标准将 CITC 值小于 0.4 的测量问项删除,并观察删除之后各变量的克朗巴哈系数。若克朗巴哈系数显著增加且大于 0.6 即可说明删除"垃圾问项"之后的量表是可以接受的。

通过 SPSS16.0 软件分析各变量的克朗巴哈系数及各测量问项的 CITC 值,结果如表 4-6 所示。

1. 环境战略制定测量量表的信度分析

预调研测量量表中环境战略制定测量量表共有 4 个测量问项,其标准化克朗巴哈系数为 0.829,除了 EB4 之外其他每个测量问项的 CITC 值均在 0.4 以上,删除 EB4 之后该测量量表的信度增至 0.921,因此删除 EB4 这个测量问项,如表 4-6、表 4-7 所示。

表 4-6 环境战略制定测量量表的信度分析之可靠性统计

克朗巴哈系数	基于标准化项的克朗巴哈系数	项数
0.803	0.829	4

表 4-7 环境战略制定测量量表的信度分析之项总计统计

测量问项的代码	项已删除的刻度均值	项已删除的刻度方差	校正的项总计相关性(CITC)	项已删除的克朗巴哈值
EB1	9.68	5.109	0.797	0.675
EB2	8.52	5.252	0.708	0.713
EB3	9.77	5.067	0.768	0.684
EB4	9.57	5.822	0.324	0.921

2. 环境过程管理测量量表的信度分析

预调研测量量表中环境过程管理测量量表共有 4 个测量问项，其标准化克朗巴哈系数为 0.849，每个测量问项的 CITC 值均在 0.4 以上，说明该测量量表可以接受，如表 4–8、表 4–9 所示。

表 4–8　环境过程管理测量量表的信度分析之可靠性统计

克朗巴哈系数	基于标准化项的克朗巴哈系数	项数
0.846	0.849	4

表 4–9　环境过程管理测量量表的信度分析之项总计统计

测量问项的代码	项已删除的刻度均值	项已删除的刻度方差	校正的项总计相关性（CITC）	项已删除的克朗巴哈值
EB5	11.98	3.018	0.681	0.806
EB6	12.10	3.203	0.599	0.842
EB7	11.18	3.114	0.754	0.776
EB8	11.25	3.133	0.709	0.794

3. 环境宣传教育测量量表的信度分析

预调研测量量表中环境宣传教育测量量表共有 6 个测量问项，其标准化克朗巴哈系数为 0.862，除了 EB12 之外其他每个测量问项的 CITC 值均在 0.4 以上，删除 EB12 之后该测量量表的信度增至 0.873，因此删除 EB12 这个测量问项，如表 4–10、4–11 所示。

表 4–10　环境宣传教育测量量表的信度分析之可靠性统计

克朗巴哈系数	基于标准化项的克朗巴哈系数	项数
0.818	0.862	6

表 4-11　环境宣传教育测量量表的信度分析之项总计统计

测量问项的代码	项已删除的刻度均值	项已删除的刻度方差	校正的项总计相关性（CITC）	项已删除的克朗巴哈值
EB9	16.72	7.887	0.572	0.791
EB10	15.63	7.975	0.808	0.755
EB11	17.66	7.634	0.679	0.768
EB12	17.67	7.316	0.387	0.873
EB13	15.68	8.109	0.783	0.761
EB14	16.59	8.541	0.582	0.793

4. 环境信息沟通测量量表的信度分析

预调研测量量表中环境信息沟通测量量表共有 3 个测量问项，其标准化克朗巴哈系数为 0.855，每个测量问项的 CITC 值均在 0.4 以上，说明该测量量表可以接受，如表 4-12、表 4-13 所示。

表 4-12　环境信息沟通测量量表的信度分析之可靠性统计

克朗巴哈系数	基于标准化项的克朗巴哈系数	项数
0.855	0.855	3

表 4-13　环境信息沟通测量量表的信度分析之项总计统计

测量问项的代码	项已删除的刻度均值	项已删除的刻度方差	校正的项总计相关性（CITC）	项已删除的克朗巴哈值
EB15	4.99	1.954	0.737	0.789
EB16	5.94	1.904	0.816	0.713
EB17	6.53	2.196	0.638	0.879

5. 环境规制测量量表的信度分析

预调研测量量表中环境规制测量量表共有 4 个测量问项，其标准化克朗巴哈系数为 0.790，除了 FM4 之外其他每个测量问项的 CITC 值均在 0.4 以上，删除 FM4 之后该测量量表的信度增至 0.852，因此删除 FM4 这个测量问项，如表 4-14、表 4-15 所示。

表 4-14 环境规制测量量表的信度分析之可靠性统计

克朗巴哈系数	基于标准化项的克朗巴哈系数	项数
0.743	0.790	4

表 4-15 环境规制测量量表的信度分析之项总计统计

测量问项的代码	项已删除的刻度均值	项已删除的刻度方差	校正的项总计相关性（CITC）	项已删除的克朗巴哈值
FM1	11.06	3.608	0.724	0.591
FM2	9.72	4.498	0.518	0.710
FM3	11.11	3.506	0.715	0.588
FM4	10.85	3.367	0.366	0.852

6. 利益相关者压力测量量表的信度分析

预调研测量量表中利益相关者压力测量量表共有 5 个测量问项，其标准化克朗巴哈系数为 0.956，每个测量问项的 CITC 值均在 0.4 以上，说明该测量量表可以接受，如表 4-16、表 4-17 所示。

表 4-16 利益相关者压力测量量表的信度分析之可靠性统计

克朗巴哈系数	基于标准化项的克朗巴哈系数	项数
0.954	0.956	5

表 4-17 利益相关者压力测量量表的信度分析之项总计统计

测量问项的代码	项已删除的刻度均值	项已删除的刻度方差	校正的项总计相关性（CITC）	项已删除的克朗巴哈值
FM5	13.61	5.334	0.879	0.944
FM6	12.55	5.287	0.845	0.948
FM7	14.65	4.840	0.907	0.937
FM8	12.72	4.742	0.888	0.941
FM9	13.71	4.820	0.868	0.945

7. 利益链条测量量表的信度分析

预调研测量量表中利益链条测量量表共有 4 个测量问项，其标准化克朗巴哈系数为 0.749，除了 FM12 之外其他每个测量问项的 CITC 值均在 0.4 以上，删除 FM12 之后该测量量表的信度增至 0.795，因此删除 FM12 这个测量问项，如表 4-18、表 4-19 所示。

表 4-18 利益链条测量量表的信度分析之可靠性统计

克朗巴哈系数	基于标准化项的克朗巴哈系数	项数
0.706	0.749	4

表 4-19 利益链条测量量表的信度分析之项总计统计

测量问项的代码	项已删除的刻度均值	项已删除的刻度方差	校正的项总计相关性（CITC）	项已删除的克朗巴哈值
FM10	8.44	3.934	0.531	0.644
FM11	10.50	3.104	0.675	0.532
FM12	10.15	3.089	0.338	0.795
FM13	8.84	3.392	0.559	0.606

8. 管理层环境意识测量量表的信度分析

预调研测量量表中管理层环境意识测量量表共有 4 个测量问项，其标准化克朗巴哈系数为 0.891，每个测量问项的 CITC 值均在 0.4 以上，说明该测量量表可以接受，如表 4-20、4-21 所示。

表 4-20 管理层环境意识测量量表的信度分析之可靠性统计

克朗巴哈系数	基于标准化项的克朗巴哈系数	项数
0.882	0.891	4

表 4-21 管理层环境意识测量量表的信度分析之项总计统计

测量问项的代码	项已删除的刻度均值	项已删除的刻度方差	校正的项总计相关性（CITC）	项已删除的克朗巴哈值
FM14	9.49	3.919	0.487	0.955
FM15	9.42	3.487	0.888	0.796
FM16	10.39	3.332	0.889	0.790
FM17	8.50	3.604	0.778	0.835

9. 信息与技术资源测量量表的信度分析

预调研测量量表中信息与技术资源测量量表共有 3 个测量问项，其标准化克朗巴哈系数为 0.901，每个测量问项的 CITC 值均在 0.4 以上，说明该测量量表可以接受，如表 4–22、表 4–23 所示。

表 4–22　信息与技术资源测量量表的信度分析之可靠性统计

克朗巴哈系数	基于标准化项的克朗巴哈系数	项数
0.879	0.901	3

表 4–23　信息与技术资源测量量表的信度分析之项总计统计

测量问项的代码	项已删除的刻度均值	项已删除的刻度方差	校正的项总计相关性（CITC）	项已删除的克朗巴哈值
FM18	6.79	2.538	0.849	0.754
FM19	7.51	2.308	0.684	0.948
FM20	5.88	3.050	0.845	0.800

通过以上对各个分量表的信度进行分析，本书共删除了四个影响量表信度的问项，删除之后分量表的信度增加，由此说明经过净化的测量量表是可以接受的。量表修正前后的问项个数及标准化克朗巴哈系数，如表 4–24 所示。

表 4–24　量表修正前后的问项个数及标准化克朗巴哈系数

测量变量	修正前的问项个数	修正后的问项个数	修正前的标准化克朗巴哈系数	修正后的标准化克朗巴哈系数
环境战略制定	4	3	0.829	0.921
环境过程管理	4	4	0.849	0.849
环境宣传教育	6	5	0.862	0.873
环境信息沟通	3	3	0.855	0.855
环境规制	4	3	0.790	0.852
利益相关者压力	5	5	0.956	0.956
利益链条	4	3	0.749	0.795
管理层环境意识	4	4	0.891	0.891
信息与技术资源	3	3	0.901	0.901

（三）效度分析

为检验变量与测量问项之间关系的有效性，需对研究量表进行效度分析。常见的效度分析主要包括内容效度与建构效度的分析。

首先，内容效度是指研究量表中的各问项设置能否涵盖变量的内容。由于本书的问项设置是基于上一章节提出的理论模型进行的，且通过文献检索法对已有研究中相关变量的测量问项进行收集、整理并根据休闲农业企业环境行为的具体特点对测量问项进行筛选、精炼、修改，最后还经过相关专家及休闲农业企业的政府管理部门、经营管理者审阅、把关之后进一步修改调整而成的，因此可以认为本书量表具有良好的内容效度。

其次，建构效度是指测量问项能否正确反映潜变量，一般通过主成分分析或因子分析进行检验。本书采用主成分分析法进行探索性因子分析（EFA），采用最大方差正交旋转法进行因子旋转，按照各测量问项因子载荷系数大于 0.4 的标准对各变量进行因子萃取，以检验量表的建构效度。在开始探索性因子分析之前，需进行 KMO 统计量检验和 Bartlett 球形检验以判断是否适合进行因子分析。根据 Kaiser（1974）提出的 KMO 统计量判断标准，当 KMO 小于 0.6 时，表示数据不适合因子分析；在 0.6 ～ 0.7 之间，表示数据不太适合因子分析；在 0.7 ～ 0.8 之间，表示数据一般适合因子分析；在 0.8 ～ 0.9 之间，表示数据适合因子分析；在 0.9 以上，表示数据非常适合因子分析（薛薇，2006）。Bartlett 球形检验的标准则是当相伴概率达到显著即 sig. 数值小于 0.05，则适合进行因子分析。

1. 环境战略制定测量量表的效度分析

由于前面对环境战略制定测量量表的信度分析删除了 EB4 问项，因此在进行效度分析时就没有必要把 EB4 放到测量量表里一起分析。通过对删除 EB4 之后的环境战略制定测量量表进行效度分析，其运行结果显示 KMO

值为 0.695，Bartlett 球形检验近似卡方值为 289.294，并且对应的相伴概率为 0.000，达到显著水平，说明调查数据适合做因子分析。通过对数据进行探索性因子分析，可以发现各个测量问项的因子载荷均大于 0.4，而且仅萃取一个主成分，能够解释全部变异的 86.521%，这验证了环境战略制定测量量表的单维性，也说明了该量表具有较好的结构效度，如表 4–25 所示。

表 4–25 环境战略制定测量量表的效度分析

测量问项的代码	因子载荷	累积解释变异	KMO	Bartlett 球形检验近似卡方值	Bartlett 球形检验相伴概率
EB1	0.964	86.521%	0.695	289.294	0.000
EB2	0.879				
EB3	0.945				

2. 环境过程管理测量量表的效度分析

通过对环境过程管理测量量表进行效度分析，其运行结果显示 KMO 值为 0.650，Bartlett 球形检验近似卡方值为 292.659，并且对应的相伴概率为 0.000，达到显著水平，说明调查数据适合做因子分析。通过对数据进行探索性因子分析，可以发现各个测量问项的因子载荷均大于 0.4，而且仅萃取一个主成分，能够解释全部变异的 69.998%，这验证了环境过程管理测量量表的单维性，也说明了该量表具有较好的结构效度，如表 4–26 所示。

表 4–26 环境过程管理测量量表的效度分析

测量问项的代码	因子载荷	累积解释变异	KMO	Bartlett 球形检验近似卡方值	Bartlett 球形检验相伴概率
EB5	0.821	69.998%	0.650	292.659	0.000
EB6	0.749				
EB7	0.889				
EB8	0.866				

3. 环境宣传教育测量量表的效度分析

由于前面对环境宣传教育测量量表的信度分析删除了 EB12 问项，因此在进行效度分析时就没有必要把 EB12 放到测量量表里一起分析。通过对删除 EB12 之后的环境宣传教育测量量表进行效度分析,其运行结果显示 KMO 值为 0.809,Bartlett 球形检验近似卡方值为 402.780,并且对应的相伴概率为 0.000,达到显著水平,说明调查数据适合做因子分析。通过对数据进行探索性因子分析,可以发现各个测量问项的因子载荷均大于 0.4,而且仅萃取一个主成分,能够解释全部变异的 69.507%,这验证了环境宣传教育测量量表的单维性,也说明了该量表具有较好的结构效度,如表 4-27 所示。

表 4-27 环境宣传教育测量量表的效度分析

测量问项的代码	因子载荷	累积解释变异	KMO	Bartlett 球形检验近似卡方值	Bartlett 球形检验相伴概率
EB9	0.757				
EB10	0.952				
EB11	0.750	69.507%	0.809	402.780	0.000
EB13	0.934				
EB14	0.750				

4. 环境信息沟通测量量表的效度分析

通过对环境信息沟通测量量表进行效度分析,其运行结果显示 KMO 值为 0.680,Bartlett 球形检验近似卡方值为 160.974,并且对应的相伴概率为 0.000,达到显著水平,说明调查数据适合做因子分析。通过对数据进行探索性因子分析,可以发现各个测量问项的因子载荷均大于 0.4,而且仅萃取一个主成分,能够解释全部变异的 77.717%,这验证了环境信息沟通测量量表的单维性,也说明了该量表具有较好的结构效度,如表 4-28 所示。

表 4-28　环境战略制定测量量表的效度分析

测量问项的代码	因子载荷	累积解释变异	KMO	Bartlett 球形检验 近似卡方值	Bartlett 球形检验 相伴概率
EB15	0.889				
EB16	0.928	77.717%	0.680	160.974	0.000
EB17	0.825				

5. 环境规制测量量表的效度分析

由于前面对环境规制测量量表的信度分析删除了 FM4 问项，因此在进行效度分析时就没有必要把 FM4 放到测量量表里一起分析。通过对删除 FM4 之后的环境规制测量量表进行效度分析，其运行结果显示 KMO 值为 0.605，Bartlett 球形检验近似卡方值为 257.520，并且对应的相伴概率为 0.000，达到显著水平，说明调查数据适合做因子分析。通过对数据进行探索性因子分析，可以发现各个测量问项的因子载荷均大于 0.4，而且仅萃取一个主成分，能够解释全部变异的 77.242%，这验证了环境规制测量量表的单维性，也说明了该量表具有较好的结构效度，如表 4-29 所示。

表 4-29　环境规制测量量表的效度分析

测量问项的代码	因子载荷	累积解释变异	KMO	Bartlett 球形检验 近似卡方值	Bartlett 球形检验 相伴概率
FM1	0.955				
FM2	0.720	77.242%	0.605	257.520	0.000
FM3	0.941				

6. 利益相关者压力测量量表的效度分析

通过对利益相关者压力测量量表进行效度分析，其运行结果显示 KMO 值为 0.839，Bartlett 球形检验近似卡方值为 655.013，并且对应的相伴概率为 0.000，达到显著水平，说明调查数据适合做因子分析。通过对数据进行探索性因子分析，可以发现各个测量问项的因子载荷均大于 0.4，而且仅萃取一个主成分，能够解释全部变异的 85.102%，这验证了利益相关者压力测量量表的单维性，也说明了该量表具有较好的结构效度，如表4-30所示。

表4-30　利益相关者压力测量量表的效度分析

测量问项的代码	因子载荷	累积解释变异	KMO	Bartlett 球形检验 近似卡方值	Bartlett 球形检验 相伴概率
FM4	0.927				
FM5	0.906				
FM6	0.942	85.102%	0.839	655.013	0.000
FM7	0.925				
FM8	0.911				

7. 利益链条测量量表的效度分析

由于前面对利益链条测量量表的信度分析删除了FM12问项，因此在进行效度分析时就没有必要把FM12放到测量量表里一起分析。通过对删除FM12之后的利益链条测量量表进行效度分析，其运行结果显示KMO值为0.654，Bartlett球形检验近似卡方值为112.915，并且对应的相伴概率为0.000，达到显著水平，说明调查数据适合做因子分析。通过对数据进行探索性因子分析，可以发现各个测量问项的因子载荷均大于0.4，而且仅萃取一个主成分，能够解释全部变异的71.745%，这验证了利益链条测量量表的单维性，也说明了该量表具有较好的结构效度，如表4-31所示。

表4-31　利益链条测量量表的效度分析

测量问项的代码	因子载荷	累积解释变异	KMO	Bartlett 球形检验 近似卡方值	Bartlett 球形检验 相伴概率
FM10	0.839				
FM11	0.905	71.745%	0.654	112.915	0.000
FM13	0.793				

8. 管理层环境意识测量量表的效度分析

通过对管理层环境意识测量量表进行效度分析，其运行结果显示KMO值为0.726，Bartlett球形检验近似卡方值为422.367，并且对应的相伴概率为

0.000，达到显著水平，说明调查数据适合做因子分析。通过对数据进行探索性因子分析，可以发现各个测量问项的因子载荷均大于 0.4，而且仅萃取一个主成分，能够解释全部变异的 76.797%，这验证了管理层环境意识测量量表的单维性，也说明了该量表具有较好的结构效度，如表 4-32 所示。

表 4-32　管理层环境意识测量量表的效度分析

测量问项的代码	因子载荷	累积解释变异	KMO	Bartlett 球形检验近似卡方值	Bartlett 球形检验相伴概率
FM14	0.640				
FM15	0.953	76.797%	0.726	422.367	0.000
FM16	0.966				
FM17	0.906				

9. 信息与技术资源测量量表的效度分析

通过对信息与技术资源测量量表进行效度分析，其运行结果显示 KMO 值为 0.683，Bartlett 球形检验近似卡方值为 266.009，并且对应的相伴概率为 0.000，达到显著水平，说明调查数据适合做因子分析。通过对数据进行探索性因子分析，可以发现各个测量问项的因子载荷均大于 0.4，而且仅萃取一个主成分，能够解释全部变异的 83.742%，这验证了信息与技术资源测量量表的单维性，也说明了该量表具有较好的结构效度，如表 4-33 所示。

表 4-33　信息与技术资源测量量表的效度分析

测量问项的代码	因子载荷	累积解释变异	KMO	Bartlett 球形检验近似卡方值	Bartlett 球形检验相伴概率
FM18	0.954				
FM19	0.841	83.742%	0.683	266.009	0.000
FM20	0.946				

通过对预调研有效数据的信度与效度分析，删除无效问项，最终环境行为量表包括 15 个测量问项，环境行为形成机理量表包括 18 个测量问项。其中，环境战略制定包括 3 个测量问项，环境过程管理包括 4 个测量问项，环

境宣传教育包括 5 个测量问项，环境信息沟通包括 3 个测量问项，环境规制包括 3 个测量问项，利益相关者压力包括 5 个测量问项，利益链条包括 3 个测量问项，管理层环境意识包括 4 个测量问项，信息与技术资源包括 3 个测量问项，如表 4-34 所示。

表 4-34　量表修正前后的问项个数

测量变量		修正前的问项个数	修正后的问项个数
环境行为	环境战略制定	4	3
	环境过程管理	4	4
	环境宣传教育	6	5
	环境信息沟通	3	3
	总计	17	15
环境行为形成机理	环境规制	4	3
	利益相关者压力	5	5
	利益链条	4	3
	管理层环境意识	4	4
	信息与技术资源	3	3
	总计	20	18

相应地，量表修正之后各个测量问项的代码也进行相应的调整，环境战略制定问项（environmental strategy formulation）代码的设置以其英文缩写 ESF 开头加上数值，环境过程管理问项（environmental process management）代码的设置以其英文缩写 EPM 开头加上数值，环境宣传教育问项（environmental publicity and education）代码的设置以其英文缩写 EPE 开头加上数值，环境信息沟通问项（environmental information communication）代码的设置以其英文缩写 EIC 开头加上数值，环境规制问项（environmental regulation）代码的设置以其英文缩写 ER 开头加上数值，利益相关者压力问项（stakeholder pressure）代码的设置以其英文缩写 SP 开头加上数值，利益链条问项（interests chain）代码的设置以其英文缩写 IC 开头加上数值，管理层环境意识问项（managers environmental consciousness）代码的设置以其英文

缩写 MEC 开头加上数值，信息与技术资源问项（information and technology resources）代码的设置以其英文缩写 ITR 开头加上数值，调整之后的代码如表 4–35、表 4–36 所示。

表 4–35　量表修正之后环境行为各个测量问项的代码

外生变量	内生变量	代码	测量问项
环境行为	环境战略制定	ESF1	有负责休闲农业环境管理的部门
		ESF2	有制定专门的休闲农业环境管理政策
		ESF3	配有熟识休闲农业环境管理的专家
	环境过程管理	EPM1	建筑风格与周边环境相协调
		EPM2	采购低碳节能材料和设备
		EPM3	注重节约资源和能源（如水、煤、电等）
		EPM4	废弃物分类回收、资源化处理
	环境宣传教育	EPE1	进行休闲农业环境形象的宣传
		EPE2	有休闲农业环境宣传教育的解说系统
		EPE3	举办过休闲农业环境保护主题活动
		EPE4	引导或鼓励实施保护休闲农业环境的行为
		EPE5	制止或劝导实施破坏休闲农业环境的行为
	环境信息沟通	EIC1	征集、反馈游客对休闲农业环境行为的建议
		EIC2	与其他休闲农业点交流环保信息与经验
		EIC3	对外公开环境信息

表 4–36　量表修正之后环境行为形成机理各个测量问项的代码

外生变量	内生变量	代码	测量问项
环境行为形成机理	环境规制	ER1	相关法律法规的强制约束促使我实施环境行为
		ER2	相关部门的环境监管促使我实施环境行为
		ER3	地方政府的政策扶持促使我实施环境行为

续表

外生变量	内生变量	代码	测量问项
环境行为形成机理	利益相关者压力	SP1	社区居民较高的环保要求促使我实施环境行为
		SP2	消费者对绿色农产品及良好生态环境的需求促使我实施环境行为
		SP3	竞争者环境绩效的提高促使我实施环境行为
		SP4	投资者对良好环境形象的经营组织的青睐促使我实施环境行为
		SP5	政府机构对环境绩效的关注促使我实施环境行为
	利益链条	IC1	因实施环境行为可节省成本、增加利润而促使我实施环境行为
		IC2	因实施环境行为可吸引更多金融投资而促使我实施环境行为
		IC3	因实施环境行为可赢得良好市场形象，增强市场竞争力而促使我实施环境行为
	管理层环境意识	MEC1	环境社会责任促使我实施环境行为
		MEC2	对环境知识的掌握程度较高促使我实施环境行为
		MEC3	对相关环保政策法规的关注促使我实施环境行为
		MEC4	对休闲农业环境质量管理的关注促使我实施环境行为
	信息与技术资源	ITR1	环境信息收集渠道越多，我越乐于实施环境行为
		ITR2	环境信息平台越好，我越乐于实施环境行为
		ITR3	环境技术种类与手段越多，我越乐于实施环境行为

三、正式调研问卷的形成

预调研之后除了对原有的研究量表测量问项进行信度与效度分析，删除无效的问项，本书在预调研过程中还发现调研问卷存在其他问题，需进一步修改与完善才能形成正式调研问卷。①在预调研时调研人员发现现场调研的问卷由于调研人员会对休闲农业企业环境行为的概念进行解释，被调研人员更容易理解其含义，而通过 QQ、微信、电子邮件发放的调研问卷由于缺少现场解说，经常出现被调研人员回复不知道什么叫休闲农业企业环境行为的现象，因此在正式调研问卷中需对休闲农业企业环境行为的概念进行解释，让被调研人员更好地理解其含义。②在文字表述上，原环境行为量表的测量问项"举办过休闲农业环境保护主题活动"里面的"过"字单从字面上看起来没有问题，而放在评判标准中却欠缺妥当,因此在正式调研问卷中把该测量问项的"过"字去掉,使调研问卷更为规范、科学。此外,考虑到休闲农业企业的特殊性质,原企业基本信息的第二个测量问项"员工数量"改为"人员数量"更为贴切。到此为止,正式调研问卷设计完成,具体问卷内容详见附录2。

四、正式调研问卷的数据采集

首先,正式调研问卷的数据采集涉及抽样样本的选择。抽样样本的选择影响着正式调研结果的科学性。本书以福建省为例对休闲农业企业环境行为进行实证研究,因此抽样总体为福建省所有的休闲农业企业。抽样方法采用随机抽样与配额抽样相互结合的方法,即将抽样总体按照一定的分类方法进行分类,确定每种分类的样本数。其次,在每种分类中采取随机抽样的方法进行抽样。再次,根据福建省休闲农业的发展情况及后续进行结构方程分析所需要的一般样本数量要求,将样本总数拟定为600份。最后,根据从福建省农业农村厅获得的最新的各个地市休闲农业企业数量,按一定比例确定各个地市需要抽取的样本数量,根据这些样本数量在各个地市随机抽样调查。各个地市抽取的样本数量如表4-37所示。

表4-37 福建省各个地市抽取的样本数量

地市名称	拥有的休闲农业企业数量	抽取的休闲农业企业数量
福州市	742	115
厦门市	58	9
泉州市	278	43
莆田市	60	9
三明市	831	129
漳州市	247	38
南平市	294	46
龙岩市	939	145
宁德市	426	66
总量统计	3 875	600

正式调研时间从 2022 年 8 月 7 日至 2022 年 10 月 25 日。正式调研的调查对象主要以休闲农业企业的中高层管理者为主。调查的方式仍通过人员访谈、QQ、微信、电子邮件等方式进行，以获取调查所需的样本数量。

正式调研回收的问卷与预调研同样需要经过筛选才能被利用。本书将通过问卷调查获得的第一手数据以赋值的形式整理录入 SPSS16.0 统计软件，作废其中未答、漏填题项达 10% 的问卷及作答呈现明显规律的问卷。经统计，本书正式调研共发放问卷 600 份，回收 567 份，其中无效问卷 41 份，最终回收有效问卷 526 份，有效问卷回收率为 87.67%。

由于调查样本中有少量有效样本存在缺失值，为了保证研究数据的完整性，本书利用 SPSS16.0 统计软件的置换功能，采用列算数平均值法来估计缺失值。为验证样本选择的科学性与合理性，本书对样本构成进行描述性统计分析，其结果如表 4-38 所示。

如表 4-38 所示的数据，在被调查休闲农业企业的地理区位中，城市占 8.94%，城市郊区占 21.48%，农村占 69.58%，这说明福建省休闲农业点在农村分布最为广泛。在组织规模中，小于等于 10 人的休闲农业企业占 31.75%，11 ～ 50 人的占 48.48%，51 ～ 100 人的占 14.83%，大于 100人的占 4.94%，这说明福建省休闲农业企业总体规模以中小型为主，大型组织较少。在运营年限中，3 ～ 5 年的休闲农业企业最多，占 37.07%，其次是 5 ～ 10 年的经营组织，占 31.94%，再次是 3 年以下的经营组织，占21.29%，而 10 年以上的经营组织最少，占 9.70%。由此可见，福建省休闲农业企业运营年限集中在 3 ～ 10 年。在组织等级中，四星级乡村旅游经营单位共有 24 处，占 4.56%；三星级乡村旅游经营单位共有 36 处，占6.84%；未获星级乡村旅游经营单位共有 466 处，占 88.59%。从数据上来看，本书能够较好地兼顾不同等级的休闲农业企业。在经营管理方式中，自主管理的休闲农业企业比例最大，占 83.27%；其次是委托管理，占

10.27%；再次是承包经营，占 6.46%。总体来看，本书调研的样本分布较为广泛，而且有一定的代表性。

表 4–38　正式调研有效样本的统计特征

变量名称	具体测量问项	频数	百分比
地理区位	城市	47	8.94%
	城市郊区	113	21.48%
	农村	366	69.58%
组织规模	≤ 10	167	31.75%
	11 ~ 50	255	48.48%
	51 ~ 100	78	14.83%
	> 100	26	4.94%
运营年限	3 年以下	112	21.29%
	3 ~ 5 年	195	37.07%
	5 ~ 10 年	168	31.94%
	10 年以上	51	9.70%
组织等级	四星级乡村旅游经营单位	24	4.56%
	三星级乡村旅游经营单位	36	6.84%
	未获星级乡村旅游经营单位	466	88.59%
经营管理方式	自主管理	438	83.27%
	委托管理	54	10.27%
	承包经营	34	6.46%
被调查人员的职位层级	高层管理人员	176	33.46%
	中层管理人员	226	42.97%
	基层管理人员	124	23.57%

第五章　休闲农业企业环境行为形成机理的实证结果分析

第一节　样本信度检验与效度检验

一、样本信度检验

正式调研问卷的信度分析沿用预调研信度分析采用的克朗巴哈系数法，判断标准仍是克朗巴哈系数至少大于 0.6 才可以接受测量量表。本书使用 SPSS16.0 统计软件计算各变量的克朗巴哈系数，所得结果如表 5-1 所示。

如表 5-1 所示，可以看出，环境战略制定的三个测量问项标准化克朗巴哈系数为 0.891，环境过程管理的四个测量问项标准化克朗巴哈系数为 0.837，环境宣传教育的五个测量问项标准化克朗巴哈系数为 0.793，环境信息沟通的三个测量问项标准化克朗巴哈系数为 0.887，环境规制的三个测量问项标准化克朗巴哈系数为 0.867，利益相关者压力的五个测量问项标准化克朗巴哈系数为 0.906，利益链条的三个测量问项标准化克朗巴哈系数为 0.841，管理层环境意识的四个测量问项标准化克朗巴哈系数为 0.896，信息与技术资源的三个测量问项标准化克朗巴哈系数为 0.880，总量表的标准化克朗巴哈系数为 0.923，各个分量表及总量表的标准化克朗巴哈系数均在 0.7 以上，表明研究量表具有比较满意的信度，可以根据调研结果进行下一步的数据分析。

表 5-1   各变量的信度分析

变量名称	测量题数	标准化克朗巴哈系数
环境战略制定	3	0.891
环境过程管理	4	0.837
环境宣传教育	5	0.793
环境信息沟通	3	0.887
环境规制	3	0.867
利益相关者压力	5	0.906
利益链条	3	0.841
管理层环境意识	4	0.896
信息与技术资源	3	0.880
总量表	33	0.923

二、样本效度检验——探索性因子分析

本书首先采用探索性因子分析的方法对正式调研问卷的有效样本进行效度检验。探索性因子分析能够从关系复杂的变量中找出少数的关键公因子，实现降维的目的，以便更好地观测变量之间的关系。进行探索性因子分析之前需进行 KMO 统计量检验和 Bartlett 球形检验以判断是否适合进行因子分析，其标准仍与预调研的标准一样，即 KMO > 0.6，Bartlett 球形检验的相伴概率达到显著即 sig. 数值小于 0.05。判断效度的标准是研究量表提取的公因子贡献率超过 50%，公因子方差大于 0.4，且各测量问项在相应的主因子上有足够的因子载荷，则说明该测量量表具有较好的结构效度（马文军 等，2000）。

（一）环境行为量表的探索性因子分析

通过 SPSS16.0 统计软件首先对环境行为量表进行探索性因子分析，数据运行结果显示其 KMO 值为 0.847，Bartlett 球形检验近似卡方值为 3 866.843，并且对应的相伴概率为 0.000，则达到显著水平，说明本书变量适合做因子分析，如表 5-2 所示。

表 5-2 环境行为量表的 KMO 检验和 Bartlett 球形检验

研究变量	KMO 检验	Bartlett 球形检验	
环境行为	0.847	近似卡方值	3 866.843
		自由度	105
		显著性	0.000

　　如表 5-3、表 5-4 所示，可以看出，环境行为量表提取了四个公因子，方差累计贡献率为 69.711%，各测量问项在相应的主因子上的因子载荷均大于 0.5，在其他主因子上的因子载荷均较低，这说明环境行为量表具有较好的结构效度。且从表 5-3 和表 5-4 中还可以看出，第一主因子由 EPM2、EPM4、EPM1、EPM3 四个测量问项决定，方差贡献率为 18.590%，其因子载荷分别为 0.854、0.816、0.800、0.721，且都大于在其他主因子上的载荷，说明这四个测量问项只从属于该主因子。由于这四个测量问项都涉及在环境管理过程方面的行为，因此把该主因子命名为环境过程管理；第二主因子由 EPE4、EPE1、EPE2、EPE3、EPE5 五个测量问项决定，方差贡献率为 18.477%，其因子载荷分别为 0.805、0.761、0.730、0.715、0.634，且都大于在其他主因子上的载荷，说明这五个测量问项只从属于该主因子。由于这五个测量问项都与宣传教育这一内容有关，因此把该主因子命名为环境宣传教育；第三主因子由 EIC3、EIC1、EIC2 三个测量问项决定，方差贡献率为 16.664%，其因子载荷分别为 0.874、0.855、0.852，且都大于在其他主因子上的载荷，说明这三个测量问项只从属于该主因子。由于这三个测量问项都涉及意识沟通方面的环境行为，因此把该主因子命名为环境信息沟通；第四主因子由 ESF3、ESF2、ESF1 这三个测量问项决定，方差贡献率为 15.980%，其因子载荷分别为 0.905、0.853、0.782，且都大于在其他主因子上的载荷，说明这三个测量问项只从属于该主因子。由于这三个测量问项都是从战略的层次上实施的环境行为，因此把该主因子命名为环境战略制定。由此可见，通过对环境行为量表探索性因子分析提取的公因子与理论设计的因子是相互吻合的。

表 5–3　环境行为量表因子分析之解释的总方差

因子	初始特征值			因子载荷的抽取量			旋转后的因子载荷量		
	总计	方差的百分比 / %	累计百分比 / %	总计	方差的百分比 / %	累计百分比 / %	总计	方差的百分比 / %	累计百分比 / %
1	5.091	33.938	33.938	5.091	33.938	33.938	2.789	18.590	18.590
2	2.298	15.319	49.256	2.298	15.319	49.256	2.772	18.477	37.067
3	1.851	12.340	61.596	1.851	12.340	61.596	2.500	16.664	53.731
4	1.217	8.115	69.711	1.217	8.115	69.711	2.397	15.980	69.711

注：特征值小于 1 的略去。

表 5–4　环境行为量表因子分析之旋转后的环境行为因子载荷矩阵

测量问项	因子			
	1	2	3	4
EPM2	0.854	0.094	0.104	0.120
EPM4	0.816	0.101	0.115	0.124
EPM1	0.800	0.068	0.161	0.130
EPM3	0.721	0.099	0.045	0.097
EPE4	−0.007	0.805	−0.009	0.005
EPE1	0.140	0.761	0.104	0.089
EPE2	0.086	0.730	0.044	−0.048
EPE3	0.048	0.715	0.094	0.134
EPE5	0.116	0.634	0.094	0.117
EIC3	0.077	0.098	0.874	0.131
EIC1	0.204	0.129	0.855	0.254
EIC2	0.137	0.079	0.852	0.245
ESF3	0.110	0.055	0.150	0.905
ESF2	0.141	0.114	0.215	0.853
ESF1	0.302	0.122	0.357	0.782

（二）环境行为形成机理量表的探索性因子分析

通过 SPSS16.0 统计软件接着对环境行为形成机理量表进行探索性因子分析，数据运行结果显示其 KMO 值为 0.848，Bartlett 球形检验近似卡方值为 6 194.242，并且对应的相伴概率为 0.000，达到显著水平，说明本书变量适合做因子分析，如表 5–5 所示。

表 5-5 环境行为形成机理量表的 KMO 检验和 Bartlett 球形检验

研究变量	KMO 检验	Bartlett 球形检验	
环境行为形成机理	0.848	近似卡方值	6 194.242
		自由度	153
		显著性	0.000

如表 5-6、表 5-7 所示，可以看出，环境行为形成机理量表提取了五个公因子，方差累计贡献率为 76.959%，各测量问项在相应的主因子上的因子载荷均大于 0.5，在其他主因子上的因子载荷均较低，这说明环境行为形成机理量表具有较好的结构效度。且从表 5-6 和表 5-7 中还可以看出，第一主因子由 SP1、SP3、SP4、SP5、SP2 五个测量问项决定，方差贡献率为 20.546%，其因子载荷分别为 0.894、0.872、0.852、0.850、0.669，且都大于在其他主因子上的载荷，说明这五个测量问项只从属于该主因子。由于这五个测量问项都与利益相关者压力的驱动相关，因此把该主因子命名为利益相关者压力；第二主因子由 MEC3、MEC4、MEC1、MEC2 四个测量问项决定，方差贡献率为 17.042%，其因子载荷分别为 0.895、0.857、0.853、0.769，且都大于在其他主因子上的载荷，说明这四个测量问项只从属于该主因子。由于这四个测量问项都涉及管理层思想意识上的因素，因此把该主因子命名为管理层环境意识；第三主因子由 ITR1、ITR2、ITR3 三个测量问项决定，方差贡献率为 13.492%，其因子载荷分别为 0.891、0.870、0.867，且都大于在其他主因子上的载荷，说明这三个测量问项只从属于该主因子。由于这三个测量问项涉及信息与技术方面的因素，因此把该主因子命名为信息与技术资源；第四主因子由 ER1、ER2、ER3 三个测量问项决定，方差贡献率为 13.141%，其因子载荷分别为 0.884、0.868、0.778，且都大于在其他主因子上的载荷，说明这三个测量问项只从属于该主因子。由于这三个测量问项都与政府的环境规制相关，因此把该主因子命名为环境规制；第五主因子由 IC1、IC3、IC2 三个测量问项决定，方差贡献率为 12.739%，其因子载荷分别为 0.862、0.861、

0.806，且都大于在其他主因子上的载荷，说明这三个测量问项只从属于该主因子。由于这三个测量问项都涉及利益方面的关系，因此把该主因子命名为利益链条。由此可见，通过对环境行为形成机理量表探索性因子分析，提取的公因子与理论设计的因子也是相互吻合的，这也初步验证了本书休闲农业企业环境行为形成机理理论模型设计的合理性。

表 5-6　环境行为形成机理量表因子分析之解释的总方差

因子	初始特征值			因子载荷的抽取量			旋转后的因子载荷量		
	总计	方差的百分比 / %	累计百分比 / %	总计	方差的百分比 / %	累计百分比 / %	总计	方差的百分比 / %	累计百分比 / %
1	6.146	34.146	34.146	6.146	34.146	34.146	3.698	20.546	20.546
2	2.378	13.212	47.358	2.378	13.212	47.358	3.068	17.042	37.588
3	2.121	11.785	59.143	2.121	11.785	59.143	2.428	13.492	51.080
4	1.679	9.327	68.470	1.679	9.327	68.470	2.365	13.141	64.221
5	1.528	8.489	76.959	1.528	8.489	76.959	2.293	12.739	76.959

注：特征值小于 1 的略去。

表 5-7　环境行为形成机理量表因子分析之旋转后的环境行为因子载荷矩阵

测量问项	因子				
	1	2	3	4	5
SP1	0.894	0.141	0.076	0.152	0.114
SP3	0.872	0.108	0.036	0.110	0.097
SP4	0.852	0.162	0.065	0.126	0.043
SP5	0.850	0.099	0.050	0.089	0.068
SP2	0.669	0.100	0.093	0.114	0.118
MEC3	0.150	0.895	0.052	0.152	0.091
MEC4	0.090	0.857	0.077	0.131	0.078
MEC1	0.216	0.853	0.114	0.184	0.135
MEC2	0.116	0.769	0.081	0.053	0.022
ITR1	0.097	0.130	0.891	0.128	0.147
ITR2	0.097	0.082	0.870	0.082	0.116
ITR3	0.059	0.070	0.867	0.083	0.082
ER1	0.212	0.174	0.094	0.884	0.128
ER2	0.158	0.103	0.071	0.868	0.132

测量问项	因子				
	1	2	3	4	5
ER3	0.136	0.189	0.144	0.778	0.090
IC1	0.105	0.128	0.143	0.160	0.862
IC3	0.150	0.108	0.074	0.136	0.861
IC2	0.096	0.037	0.121	0.044	0.806

三、样本效度检验——验证性因子分析

在探索性因子分析的基础上，本书采用 Amos 统计软件进行进一步的验证性因子分析，以检验测量模型拟合实际数据的能力。在模型拟合优度适配度指标方面，本书采用学术界普遍运用的卡方检验 χ^2/df、拟合优度指数（GFI）、调整拟合优度指数（AGFI）、残差均方根（RMR）、近似误差均方根（RMSEA）、规范拟合指数（NFI）、比较拟合指数（CFI）、增值拟合指数（IFI）共 8 个拟合指标来评价模型拟合的优劣。一般认为，χ^2/df 小于 5，GFI、AGFI、NFI、CFI、IFI 均大于 0.9，RMR 小于 0.05，RMSEA 小于 0.08，说明模型拟合程度较好（黄芳铭，2005）。除此之外，各测量问项在其所属的潜变量上因子载荷不能低于 0.5 才能说明测量模型是合理的（侯杰泰 等，2004）。

（一）休闲农业企业环境行为变量验证性因子分析

如表 5-8 所示，可以看出，χ^2/df 的数值为 2.687，达到小于 5 的标准；GFI、AGFI、NFI、CFI、IFI 的值分别为 0.945、0.922、0.942、0.963、0.963，均达到大于 0.9 的标准；RMR 值为 0.027，达到小于 0.05 的标准；RMSEA 值为 0.057，达到小于 0.08 的标准。从总体情况来看，该模型的拟合情况较好。

表5-8　休闲农业企业环境行为变量验证性因子分析拟合指标

拟合指数	χ^2/df	GFI	AGFI	RMR	RMSEA	NFI	CFI	IFI
建议值	< 5	> 0.9	> 0.9	< 0.05	< 0.08	> 0.9	> 0.9	> 0.9
指数值	2.687	0.945	0.922	0.027	0.057	0.942	0.963	0.963

如表5-9所示，可以看出，休闲农业企业环境行为的测量变量所属的测量问项因子载荷均高于0.5，这也验证了该模型的合理性。

表5-9　休闲农业企业环境行为变量验证性因子分析各因子载荷值

测量变量	测量问项	标准化因子载荷
环境战略制定 ESF	ESF1	0.928
	ESF2	0.801
	ESF3	0.815
环境过程管理 EPM	EPM1	0.758
	EPM2	0.845
	EPM3	0.617
	EPM4	0.789
环境宣传教育 EPE	EPE1	0.738
	EPE2	0.638
	EPE3	0.659
	EPE4	0.693
	EPE5	0.570
环境信息沟通 EIC	EIC1	0.925
	EIC2	0.845
	EIC3	0.780

（二）休闲农业企业环境行为形成机理变量验证性因子分析

如表5-10所示，可以看出，χ^2/df的数值为1.816，达到小于5的标准；GFI、AGFI、NFI、CFI、IFI的值分别为0.953、0.936、0.964、0.983、0.983，均达到大于0.9的标准；RMR值为0.019，达到小于0.05的标准；RMSEA值为0.039，达到小于0.08的标准。由此可见，该模型的拟合情况较好。

表 5-10　休闲农业企业环境行为形成机理变量验证性因子分析拟合指标

拟合指数	χ^2/df	GFI	AGFI	RMR	RMSEA	NFI	CFI	IFI
建议值	< 5	> 0.9	> 0.9	< 0.05	< 0.08	> 0.9	> 0.9	> 0.9
指数值	1.816	0.953	0.936	0.019	0.039	0.964	0.983	0.983

如表 5-11 所示，可以看出，休闲农业企业环境行为形成机理的测量变量所属的测量问项因子载荷均高于 0.5，这也验证了该模型的合理性。

表 5-11　休闲农业企业环境行为形成机理变量验证性因子分析各因子载荷值

测量变量	测量问项	标准化因子载荷
环境规制 ER	ER1	0.976
	ER2	0.828
	ER3	0.700
利益相关者压力 SP	SP1	0.939
	SP2	0.604
	SP3	0.847
	SP4	0.833
	SP5	0.840
利益链条 IC	IC1	0.899
	IC2	0.657
	IC3	0.850
管理层环境意识 MEC	MEC1	0.912
	MEC2	0.664
	MEC3	0.914
	MEC4	0.827
信息与技术资源 ITR	ITR1	0.941
	ITR2	0.810
	ITR3	0.778

第二节　样本描述性统计分析

本书通过 SPSS16.0 统计软件对正式调研有效样本的各个测量问项进行描述性统计分析，运用均值、标准差、偏度、峰度四个指标反映各个测量问项的样本特征，其中利用偏度与峰度样本数据判断是否属于正态分布，判断标准仍与预调研参考的判断标准一致，即偏度小于 2 且峰度小于 5 则说明样本数据是正态分布的。其统计结果如表 5-12 所示。

表 5-12　正式调研有效样本各个测量问项的描述性统计分析

测量问项的代码	均值	标准差	偏度	峰度
ESF1	2.87	0.835	−0.432	−0.121
ESF2	4.06	0.699	−0.515	0.459
ESF3	2.22	0.712	−0.031	−0.307
EPM1	3.23	0.748	−0.286	−0.524
EPM2	3.26	0.736	−0.417	−0.223
EPM3	4.23	0.679	−0.437	−0.366
EPM4	4.28	0.660	−0.456	−0.377
EPE1	3.63	0.749	−0.366	0.473
EPE2	4.48	0.649	−1.089	0.959
EPE3	2.58	0.715	0.076	0.587
EPE4	4.44	0.693	−0.923	−0.123
EPE5	3.79	0.986	−0.317	−0.702
EIC1	3.63	0.812	−0.151	−0.349
EIC2	2.80	1.021	0.102	−0.459
EIC3	2.21	0.844	0.253	−0.456
ER1	3.03	0.892	−0.295	−0.143
ER2	4.12	0.861	−0.754	−0.104
ER3	3.22	0.904	−0.189	−0.122
SP1	3.36	0.711	0.154	−0.165
SP2	4.28	0.640	−0.464	−0.046
SP3	2.42	0.771	−0.025	−0.407

测量问项的代码	均值	标准差	偏度	峰度
SP4	4.23	0.720	−0.429	−0.766
SP5	3.25	0.834	0.146	−0.616
IC1	4.48	0.625	−0.990	0.822
IC2	2.10	0.837	0.519	−0.186
IC3	3.74	0.894	−0.172	−0.628
MEC1	3.25	0.677	−0.017	−0.331
MEC2	3.48	0.719	0.129	0.274
MEC3	2.36	0.684	0.503	1.006
MEC4	4.26	0.628	−0.259	−0.642
ITR1	3.50	0.735	−0.064	−0.289
ITR2	2.71	0.906	0.246	−0.342
ITR3	2.43	0.803	0.187	−0.082

从均值上来看，环境行为量表方面均值超过3.5的测量问项按从大到小的顺序排列依次为EPE2"采购低碳节能材料和设备"，EPE4"引导或鼓励实施保护休闲农业环境的行为"，EPM4"废弃物分类回收、资源化处理"、EPM3"注重节约资源和能源（如水、煤、电等）"，ESF2"有制定专门的休闲农业环境管理政策"，EPE5"制止或劝导实施破坏休闲农业环境的行为"，EPE1"进行休闲农业环境形象的宣传"，EIC1"征集、反馈游客对休闲农业环境行为的建议"；均值低于3的测量问项按从小到大的顺序排列依次为EIC3"对外公开环境信息"，ESF3"配有熟识休闲农业环境管理的专家"，EPE3"举办过休闲农业环境保护主题活动"，EIC2"与其他休闲农业点交流环保信息与经验"，ESF1"有负责休闲农业环境管理的部门"。其中，在环境行为量表均值超过3.5的测量问项中，ESF2从属于环境战略制定变量，EPM3、EPM4从属于环境过程管理变量，EPE1、EPE2、EPE4、EPE5从属于环境宣传教育变量，EIC1从属于环境信息沟通变量；在均值低于3的测量问项中，ESF1、ESF3属于环境战略制定变量，EPE3从属于环境宣传教育变量，EIC2、EIC3从属于环境信息沟通变量。这从某种程度上可以说明，

目前福建省休闲农业企业环境行为的实施在环境过程管理和环境宣传教育两个环节做得相对较好，在环境战略制定和环境信息沟通两个环节则有待于进一步加强实施。环境行为形成机理量表方面均值超过 3.5 的测量问项按从大到小的顺序排列依次为 IC1 "因实施环境行为可节省成本、增加利润而促使我实施环境行为"，SP2 "消费者对绿色农产品及良好生态环境的需求促使我实施环境行为"，MEC4 "对休闲农业环境质量管理的关注促使我实施环境行为"，SP4 "投资者对良好环境形象的经营组织的青睐促使我实施环境行为"，ER2 "相关部门的环境监管促使我实施环境行为"，IC3 "因实施环境行为可赢得良好市场形象，增强市场竞争力而促使我实施环境行为"，ITR1 "环境信息收集渠道越多，我越乐于实施环境行为"；均值低于 3 的测量问项按从小到大的顺序排列依次为 IC2 "因实施环境行为可吸引更多金融投资而促使我实施环境行为"，MEC3 "对相关环保政策法规的关注促使我实施环境行为"，SP3 "竞争者环境绩效的提高促使我实施环境行为"，ITR3 "环境技术种类与手段越多，我越乐于实施环境行为"，ITR2 "环境信息平台越好，我越乐于实施环境行为"。其中，在环境行为形成机理量表均值超过 3.5 的测量问项中，ER2 从属于环境规制变量，SP2、SP4 从属于利益相关者压力变量，IC1、IC3 从属于利益链条变量，MEC4 从属于管理层环境意识变量，ITR1 从属于信息与技术资源变量；在均值低于 3 的测量问项中，ITR2、ITR3 从属于信息与技术资源变量，SP3 从属于利益相关者压力变量，IC2 从属于利益链条变量，MEC3 从属于管理层环境意识变量。这从某种程度上可以说明利益相关者压力、利益链条两个因素对福建省休闲农业企业环境行为形成的驱动作用较大。

从标准差来看，各个测量问项的标准差均不是非常大，表明被调研者勾选各个测量问项的分值时波动幅度不是非常大，也在一定程度上说明了正式调研数据的可靠性。

从偏度与峰度来看，各个测量问项的偏度与峰度均在 2 以内，符合正态分布的标准，适合做结构方程分析。

第三节　休闲农业企业环境行为形成机理的结构方程模型分析

结构方程模型（structural equation model，SEM）作为研究多变量间相互关系的一种多元统计分析方法，由于其能够同时处理多个外生变量和内生变量，能够精确估计观测变量与潜变量之间的关系、外生变量和内生变量之间的关系，还能够估计整个模型的拟合程度，因此被社会科学研究领域广泛使用。

一、结构方程模型的构建

基于对休闲农业企业环境行为形成机理的理论分析，构建了休闲农业企业环境行为形成机理的结构方程模型。根据前文的理论分析，环境规制 ER、利益相关者压力 SP、利益链条 IC、信息与技术资源 ITR 四个变量通过管理层环境意识 MEC 中介变量分别影响着环境战略制定 ESF、环境过程管理 EPM、环境宣传教育 MPE、环境信息沟通 EIC 四类休闲农业企业环境行为。由于这些变量都是不能直接测量的，需要通过各自的测量问项进行测量，本书按照结构方程模型的符号表示法用椭圆形表示其为潜变量。用各自的测量问项作为其观察变项，符号用长方形表示。其中，环境规制 ER、利益相关者压力 SP、利益链条 IC、信息与技术资源 ITR 四个变量为外生潜变量，管理层环境意识 MEC、环境战略制定 ESF、环境过程管理 EPM、环境宣传教育 MPE、环境信息沟通 EIC 五个变量为内生潜变量。在此基础上本书所构建的休闲农业企业环境行为形成机理的结构方程理论模型如图 5-1 所示。

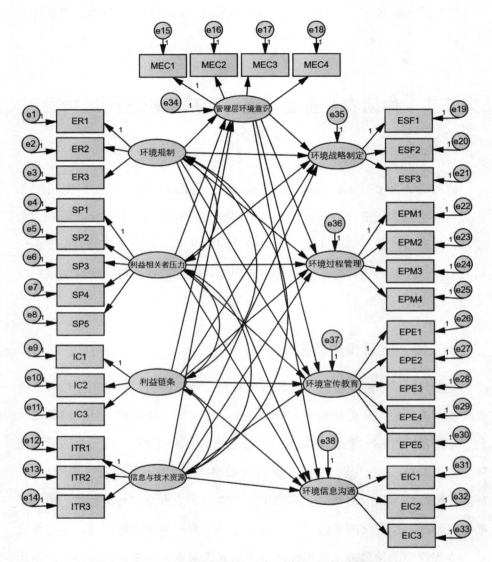

图 5-1　休闲农业企业环境行为形成机理的结构方程模型的构建

　　该结构方程模型分为两个部分：一个是测量模型，用于分析潜变量与测量问项之间的关系；一个是结构模型，用于分析潜变量之间的相互关系。

二、结构方程模型的运行与检验

运用 Amos 统计软件对休闲农业企业环境行为形成机理的理论模型进行结构方程分析。经过初步估值，原始模型的整体适配度检验如表 5–13 所示。结果显示，χ^2/df 的数值为 1.838，达到小于 5 的标准；RMR 值为 0.026，达到小于 0.05 的标准；RMSEA 值为 0.040，达到小于 0.08 的标准；GFI、NFI、CFI、IFI 的值分别为 0.910、0.924、0.964、0.964，达到大于 0.9 的标准；AGFI 的值为 0.891，略低于 0.9。

表 5–13　结构方程模型原始模型的整体适配度检验

拟合指数	χ^2/df	GFI	AGFI	RMR	RMSEA	NFI	CFI	IFI
建议值	< 5	> 0.9	> 0.9	< 0.05	< 0.08	> 0.9	> 0.9	> 0.9
原始模型指数值	1.838	0.910	0.891	0.026	0.040	0.924	0.964	0.964

原始模型的路径系数分析如图 5–2、表 5–14 所示。结果显示，在 24 条待检验的路径关系中，有 5 条路径没有通过显著性检验，其他 19 条路径均通过了显著性检验。这五条没有通过显著性检验的路径是管理层环境意识→环境信息沟通、利益相关者压力→环境宣传教育、管理层环境意识→环境宣传教育、信息与技术资源→环境战略制定、利益相关者压力→环境过程管理，其 C.R. 值的绝对值均小于 1.96，这说明原始模型与样本数据的拟合度不够理想，有必要对原始模型进行修正。

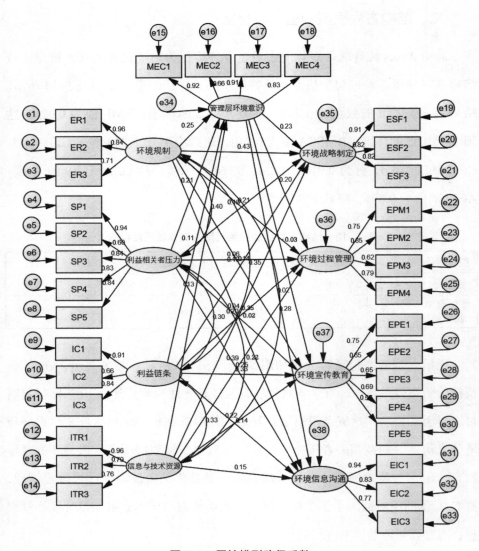

图 5-2 原始模型路径系数

表 5-14　原始模型路径系数分析

路径	标准化路径系数	C.R.	是否通过显著性检验
环境规制→管理层环境意识	0.245	5.050	通过
利益相关者压力→管理层环境意识	0.212	4.529	通过
利益链条→管理层环境意识	0.110	2.260	通过
信息与技术资源→管理层环境意识	0.125	2.757	通过
环境规制→环境战略制定	0.433	10.125	通过
环境规制→环境过程管理	0.210	4.760	通过
环境规制→环境宣传教育	0.142	2.603	通过
环境规制→环境信息沟通	0.347	7.604	通过
利益相关者压力→环境战略制定	0.176	4.450	通过
利益相关者压力→环境过程管理	0.064	1.534	未通过
利益相关者压力→环境宣传教育	−0.022	−0.428	未通过
利益相关者压力→环境信息沟通	0.248	5.731	通过
利益链条→环境战略制定	0.130	3.205	通过
利益链条→环境过程管理	0.195	4.495	通过
利益链条→环境宣传教育	0.334	5.999	通过
利益链条→环境信息沟通	0.135	3.062	通过
信息与技术资源→环境战略制定	0.045	1.188	未通过
信息与技术资源→环境过程管理	0.392	8.998	通过
信息与技术资源→环境宣传教育	0.217	4.259	通过
信息与技术资源→环境信息沟通	0.154	3.711	通过
管理层环境意识→环境战略制定	0.229	5.654	通过
管理层环境意识→环境过程管理	0.199	4.610	通过
管理层环境意识→环境宣传教育	−0.029	−0.538	未通过
管理层环境意识→环境信息沟通	0.016	0.370	未通过

三、结构方程模型的修正

根据以上分析结果，研究首先按照 C.R. 值从小到大依次删除管理层环境意识→环境宣传教育、利益相关者压力→环境宣传教育、信息与技术资源→

环境战略制定、利益相关者压力→环境过程管理、管理层环境意识→环境信息沟通五条没有通过显著性检验的路径。同时，对 MI 值较大的路径进行相应的修正，修正路径包括" e5 < --- > e6""e27 < --- > e28""e20 < --- > e21"，最后得到重新拟合的模型。

重新拟合的模型整体适配度检验如表 5-15 所示。结果显示，χ^2/df 的数值为 1.671，达到小于 5 的标准；GFI、AGFI、NFI、CFI、IFI 的值分别为 0.917、0.901、0.931、0.971、0.971，都达到大于 0.9 的标准；RMR 值为 0.026，达到小于 0.05 的标准；RMSEA 值为 0.036，达到小于 0.08 的标准。总体来说，修正之后的结构方程模型较之原始模型的整体适配度指标均有所改进。

表 5-15　结构方程模型修正模型的整体适配度检验

拟合指数	χ^2/df	GFI	AGFI	RMR	RMSEA	NFI	CFI	IFI
建议值	< 5	> 0.9	> 0.9	< 0.05	< 0.08	> 0.9	> 0.9	> 0.9
修正模型指数值	1.671	0.917	0.901	0.026	0.036	0.931	0.971	0.971

重新拟合的模型路径系数分析如图 5-3、表 5-16 所示。结果显示，19 条待检验路径均通过了显著性检验，因此可以认为该模型是可以接受的。比较该模型标准化路径系数的大小，可以发现环境战略制定受环境规制的影响最大，其标准化路径系数为 0.460；其次是管理层环境意识，其标准化路径系数为 0.209，受利益相关者压力、利益链条的影响则相对较小，其标准化路径系数分别为 0.177、0.139；环境过程管理受信息与技术资源的影响最大，其标准化路径系数为 0.391，其次是环境规制、管理层环境意识、利益链条，其标准化路径系数分别为 0.231、0.214、0.205；环境宣传教育受利益链条的影响最大，其标准化路径系数为 0.314，其次是信息与技术资源、环境规制，其标准化路径系数分别为 0.202、0.119；环境信息沟通受环境规制的影响最大，其标准化

路径系数为 0.356，其次是利益相关者压力，其标准化路径系数为 0.256，再次是信息与技术资源、利益链条，其标准化路径系数分别为 0.151、0.136；管理层环境意识受环境规制的影响最大，其标准化路径系数为 0.247，其次是利益相关者压力，其标准化路径系数为 0.211，再次是信息与技术资源、利益链条，其标准化路径系数分别为 0.125、0.108。

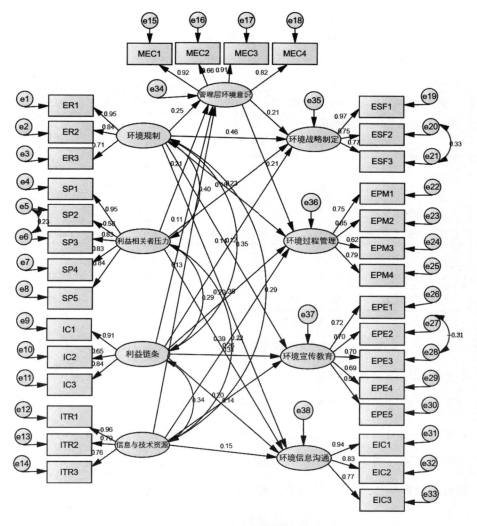

图 5-3 修正模型的路径系数

表 5-16 修正模型路径系数分析

路径	标准化路径系数	C.R.	是否通过显著性检验
环境规制→管理层环境意识	0.247	5.054	通过
利益相关者压力→管理层环境意识	0.211	4.518	通过
利益链条→管理层环境意识	0.108	2.224	通过
信息与技术资源→管理层环境意识	0.125	2.753	通过
环境规制→环境战略制定	0.460	11.261	通过
环境规制→环境过程管理	0.231	5.323	通过
环境规制→环境宣传教育	0.119	2.414	通过
环境规制→环境信息沟通	0.356	8.029	通过
利益相关者压力→环境战略制定	0.177	4.646	通过
利益相关者压力→环境信息沟通	0.256	6.083	通过
利益链条→环境战略制定	0.139	3.676	通过
利益链条→环境过程管理	0.205	4.735	通过
利益链条→环境宣传教育	0.314	5.814	通过
利益链条→环境信息沟通	0.136	3.124	通过
信息与技术资源→环境过程管理	0.391	8.975	通过
信息与技术资源→环境宣传教育	0.202	4.069	通过
信息与技术资源→环境信息沟通	0.151	3.681	通过
管理层环境意识→环境战略制定	0.209	5.416	通过
管理层环境意识→环境过程管理	0.214	5.049	通过

而反过来看，环境规制对四类环境行为的形成影响均显著，按其影响大小进行排序依次为环境战略制定、环境信息沟通、环境过程管理、环境宣传教育，其标准化路径系数分别为 0.460、0.356、0.231、0.119；利益相关者压力对环境战略制定、环境信息沟通两类环境行为的形成有显著影响，其标准化路径系数分别为 0.177、0.256，对环境过程管理、环境宣传教育两类环境行为的形成影响不显著；利益链条对四类环境行为的形成影响均显著，按其影响大小进行排序依次为环境宣传教育、环境过程管理、环境战略制定、环境信息沟通，其标准化路径系数分别为 0.314、0.205、0.139、0.136；管理层环

境意识对环境战略制定、环境过程管理两类环境行为的形成有显著影响，其标准化路径系数分别为 0.209、0.214，对环境宣传教育、环境信息沟通两类环境行为的形成影响不显著；信息与技术资源对环境过程管理、环境宣传教育、环境信息沟通三类环境行为的形成有显著影响，其标准化路径系数分别为 0.391、0.202、0.151，对环境战略制定的形成影响不显著。

根据结构方程模型的输出文件，可以得出各路径的直接效应、间接效应及总效应，其结果如表 5-17 所示。

表 5-17　直接效应、间接效应及总效应

路径	标准化路径系数		
	直接效应	间接效应	总效应
环境规制→管理层环境意识	0.247	0	0.247
利益相关者压力→管理层环境意识	0.211	0	0.211
利益链条→管理层环境意识	0.108	0	0.108
信息与技术资源→管理层环境意识	0.125	0	0.125
环境规制→环境战略制定	0.460	0.052	0.512
环境规制→环境过程管理	0.231	0.053	0.284
环境规制→环境宣传教育	0.119	0	0.119
环境规制→环境信息沟通	0.356	0	0.356
利益相关者压力→环境战略制定	0.177	0.044	0.221
利益相关者压力→环境信息沟通	0.256	0	0.256
利益链条→环境战略制定	0.139	0.023	0.162
利益链条→环境过程管理	0.205	0.023	0.228
利益链条→环境宣传教育	0.314	0	0.314
利益链条→环境信息沟通	0.136	0	0.136
信息与技术资源→环境过程管理	0.391	0.027	0.418
信息与技术资源→环境宣传教育	0.202	0	0.202
信息与技术资源→环境信息沟通	0.151	0	0.151
管理层环境意识→环境战略制定	0.209	0	0.209
管理层环境意识→环境过程管理	0.214	0	0.214

由于直接效应已在前面做过分析，在该表格中本书主要分析其间接效应及总效应。从表 5-17 的数据可以看出，在环境战略制定行为的形成中，环境规制通过管理层环境意识对其的间接影响最大，其标准化路径系数为 0.052，其次是利益相关者压力的间接影响，其标准化路径系数为 0.044，利益链条通过管理层环境意识对其的间接影响最小，其标准化路径系数均为 0.023。在总影响上，各因素对环境战略制定行为形成的总影响按其系数大小排序依次为环境规制、利益相关者压力、管理层环境意识、利益链条，其标准化路径系数分别为 0.512、0.221、0.209、0.162；在环境过程管理行为的形成中，环境规制通过管理层环境意识对其的间接影响最大，其标准化路径系数为 0.053，其次是信息与技术资源的间接影响，其标准化路径系数为 0.027，利益链条通过管理层环境意识对其间接影响的标准化路径系数为 0.023。在总影响上，各因素对环境过程管理行为形成的总影响按其系数大小排序依次为信息与技术资源、环境规制、利益链条、管理层环境意识，其标准化路径系数分别为 0.418、0.284、0.228、0.214；在环境宣传教育行为的形成中，各因素都是直接对其产生影响，没有间接影响。在总影响上，各因素对环境宣传教育行为形成的总影响按其系数大小排序依次为利益链条、信息与技术资源、环境规制，其标准化路径系数分别为 0.314、0.202、0.119；在环境信息沟通行为的形成中，各因素都是直接对其产生影响，没有间接影响。在总影响上，各因素对环境信息沟通行为形成的总影响按其系数大小排序依次为环境规制、利益相关者压力、信息与技术资源、利益链条，其标准化路径系数分别为 0.356、0.256、0.151、0.136。

同理，反过来看的话，环境规制对环境战略制定的形成总影响最大，其标准化路径系数为 0.512，对环境信息沟通、环境过程管理的形成总影响居中，其标准化路径系数分别为 0.356、0.284，对环境宣传教育的形成总影响相对较小，其标准化路径系数为 0.119；利益相关者压力对环境信息沟通、环境战略制定这两类休闲农业企业环境行为形成的总影响不相上下，标准化路径系数分别为 0.256、0.221；利益链条对四类休闲农业企业环境行为形成的总影响按从大到小的排序依次为环境宣传教育、环境过程管理、环境战略制定、环境信息沟通，其标准化路径系数分别为 0.314、0.228、0.162、0.136；管理层环境意识对环境过程管理、环境战略制定的形成影响大小相当，其标准化路径系数分别为 0.214、0.209；信息与技术资源对四类休闲农业企业环境行为形成的总影响按从大到小的排序依次为环境过程管理、环境宣传教育、环境信息沟通，其标准化路径系数分别为 0.418、0.202、0.151。

第四节 不同休闲农业企业环境行为及其形成机理的差异分析

为判断被调查休闲农业企业的地理区位、组织规模、运营年限、组织等级、经营管理方式等企业特征对其环境行为及形成机理是否有影响，本书对不同休闲农业企业在其环境行为及形成机理上的表现进行差异分析。由于地理区位、组织规模、运营年限、组织等级、经营管理方式等企业特征均超过两个测量问项，本书采用单因素方差分析法进行差异性检验。

一、不同休闲农业企业环境行为的差异分析

（一）不同地理区位的休闲农业企业环境行为的差异分析

单因素方差分析结果显示，不同地理区位的休闲农业企业在环境战略制定上的组间方差检验 $F=8.068$，对应的相伴概率 $P=0.000$，低于显著性水平 0.05，由此可见不同地理区位的休闲农业企业在环境战略制定上存在显著差异；不同地理区位的休闲农业企业在环境过程管理上的组间方差检验

F=2.755，对应的相伴概率 P=0.065，高于显著性水平 0.05，由此可见不同地理区位的休闲农业企业在环境过程管理上不存在显著差异；不同地理区位的休闲农业企业在环境宣传教育上的组间方差检验 F=0.518，对应的相伴概率 P=0.596，高于显著性水平 0.05，由此可见不同地理区位的休闲农业企业在环境宣传教育上不存在显著差异；不同地理区位的休闲农业企业在环境信息沟通上的组间方差检验 F=6.967，对应的相伴概率 P=0.001，低于显著性水平 0.05，由此可见不同地理区位的休闲农业企业在环境信息沟通上存在显著差异，如表 5–18 所示。

表 5–18 不同地理区位的休闲农业企业环境行为的方差分析

		平方和	自由度	均方和	F 值	P 值
环境战略制定	组间	15.712	2	7.856	8.068	0.000
	组内	509.288	523	0.974	—	—
	总计	525.000	525	—	—	—
环境过程管理	组间	5.474	2	2.737	2.755	0.065
	组内	519.526	523	0.993	—	—
	总计	525.000	525	—	—	—
环境宣传教育	组间	1.037	2	0.519	0.518	0.596
	组内	523.963	523	1.002	—	—
	总计	525.000	525	—	—	—
环境信息沟通	组间	13.625	2	6.812	6.967	0.001
	组内	511.375	523	0.978	—	—
	总计	525.000	525	—	—	—

运用 LSD 法进行多重比较，研究发现环境战略制定、环境信息沟通方面，第 1 组与第 2 组、第 3 组存在显著差异，即位于城市的休闲农业企业与位于城市郊区及农村的休闲农业企业在环境战略制定、环境信息沟通上有显著差异，如表 5–19 所示。如表 5–20 所示，可以看出，位于城市的休闲农业企业与其余两组企业相比，在环境战略制定、环境信息沟通上的表现均较好。

造成这种情况的原因可能是位于城市的休闲农业企业受益于城市的资源而对相关的政策法规更为了解，其所掌握的信息也更丰富，因而更注重宏观层面的环境战略制定及微观层面的环境信息沟通。

表 5-19　不同地理区位的休闲农业企业在环境战略制定及环境信息沟通上的多重比较分析

因变量	（I）地理区位	（J）地理区位	均方差（I–J）	标准差	P值	95% 置信空间	
						最小值	最大值
环境战略制定	1	2	0.425*	0.171	0.013	0.088	0.761
		3	0.596*	0.153	0.000	0.295	0.896
	2	1	−0.425	0.171	0.013	−0.761	−0.088
		3	0.171	0.106	0.109	−0.038	0.379
	3	1	−0.596*	0.153	0.000	−0.896	−0.295
		2	−0.171	0.106	0.109	−0.379	0.038
环境信息沟通	1	2	0.339*	0.172	0.049	0.001	0.676
		3	0.536*	0.153	0.001	0.235	0.837
	2	1	−0.339*	0.172	0.049	−0.676	−0.001
		3	0.198	0.106	0.064	−0.012	0.407
	3	1	−0.536*	0.153	0.001	−0.837	−0.235
		2	−0.198	0.106	0.064	−0.407	0.012

注：* 表示均差在 0.05 的水平上具有统计上的显著性。

表 5-20　不同地理区位的休闲农业企业在环境战略制定及环境信息沟通上的均值

		环境战略制定	环境信息沟通
地理区位	城市	3.426	3.043
	城市郊区	3.139	2.965
	农村	3.014	2.866

（二）不同组织规模的休闲农业企业环境行为的差异分析

单因素方差分析结果显示，不同组织规模的休闲农业企业在环境战略制定上的组间方差检验 $F=5.651$，对应的相伴概率 $P=0.001$，低于显著性水平 0.05，由此可见不同组织规模的休闲农业企业在环境战略制定上存在显著差异；不同组织规模的休闲农业企业在环境过程管理上的组间方差检验 $F=4.684$，对应的相伴概率 $P=0.003$，低于显著性水平 0.05，由此可见不同组织规模的休闲农业企业在环境过程管理上存在显著差异；不同组织规模的休闲农业企业在环境宣传教育上的组间方差检验 $F=2.199$，对应的相伴概率 $P=0.087$，高于显著性水平 0.05，由此可见不同组织规模的休闲农业企业在环境宣传教育上不存在显著差异；不同组织规模的休闲农业企业在环境信息沟通上的组间方差检验 $F=2.564$，对应的相伴概率 $P=0.054$，高于显著性水平 0.05，由此可见不同组织规模的休闲农业企业在环境信息沟通上不存在显著差异，如表 5–21 所示。

表 5–21　不同组织规模的休闲农业企业环境行为的方差分析

		平方和	自由度	均方和	F 值	P 值
环境战略制定	组间	16.514	3	5.505	5.651	0.001
	组内	508.486	522	0.974	—	—
	总计	525.000	525	—	—	—
环境过程管理	组间	13.762	3	4.587	4.684	0.003
	组内	511.238	522	0.979	—	—
	总计	525.000	525	—	—	—
环境宣传教育	组间	6.552	3	2.184	2.199	0.087
	组内	518.448	522	0.993	—	—
	总计	525.000	525	—	—	—
环境信息沟通	组间	7.625	3	2.542	2.564	0.054
	组内	517.375	522	0.991	—	—
	总计	525.000	525	—	—	—

运用 LSD 法进行多重比较，研究发现环境战略制定方面，第 2 组与第 1 组、第 3 组、第 4 组存在显著差异，即组织规模介于 11 至 50 人的休闲农业企业与其余几组休闲农业企业在环境战略制定上有显著差异；在环境过程管

理方面，第 3 组与第 2 组、第 4 组存在显著差异，即组织规模介于 51 至 100 人的休闲农业企业与组织规模介于 11 至 50 人及超过 100 人的休闲农业企业在环境过程管理上有显著差异，如表 5-22 所示。如表 5-23 所示，可以看出，组织规模介于 11 至 50 人的休闲农业企业与其余三组企业相比，在环境战略制定上的表现较好。造成这种情况的原因可能是由于组织规模介于 11 至 50 人的休闲农业企业有一定的发展规模，有更为广大长远的发展目标，由此更为注重宏观层面的环境战略管理，以期实现既定目标；而组织规模介于 51 至 100 人的休闲农业企业在环境过程管理上的表现较好，造成这种情况的原因可能是由于规模相对较大，有一定的资金来源渠道，因而有一定的经济实力能够投入到环境过程管理的环节中。

表 5-22　不同组织规模的休闲农业企业在环境战略制定及环境过程管理上的多重比较分析

因变量	(I) 组织规模	(J) 组织规模	均方差（I-J）	标准差	P 值	95% 置信空间	
						最小值	最大值
环境战略制定	1	2	−0.266*	0.098	0.007	−0.459	−0.073
		3	0.171	0.135	0.208	−0.095	0.436
		4	0.185	0.208	0.374	−0.224	0.594
	2	1	0.266*	0.098	0.007	0.073	0.459
		3	0.437*	0.128	0.001	0.186	0.688
		4	0.451*	0.203	0.027	0.052	0.850
	3	1	−0.171	0.135	0.208	−0.436	0.095
		2	−0.437*	0.128	0.001	−0.688	−0.186
		4	0.014	0.224	0.948	−0.425	0.454
	4	1	−0.185	0.208	0.374	−0.594	0.224
		2	−0.451*	0.203	0.027	−0.850	−0.052
		3	−0.014	0.224	0.948	−0.454	0.425

因变量	（I）组织规模	（J）组织规模	均方差（I-J）	标准差	P 值	95% 置信空间	
						最小值	最大值
环境过程管理	1	2	−0.184	0.099	0.063	−0.377	0.010
		3	0.253	0.136	0.063	−0.014	0.519
		4	−0.312	0.209	0.136	−0.721	0.098
	2	1	0.184	0.099	0.063	−0.010	0.377
		3	0.437*	0.128	0.001	0.185	0.688
		4	−0.128	0.204	0.531	−0.528	0.273
	3	1	−0.253	0.136	0.063	−0.519	0.014
		2	−0.437*	0.128	0.001	−0.688	−0.185
		4	−0.564*	0.224	0.012	−1.005	−0.124
	4	1	0.312	0.209	0.136	−0.098	0.721
		2	0.128	0.204	0.531	−0.273	0.528
		3	0.564*	0.224	0.012	0.124	1.005

注：* 表示均差在 0.05 的水平上具有统计上的显著性。

表 5-23　不同组织规模的休闲农业企业在环境战略制定及环境过程管理上的均值

		环境战略制定	环境过程管理
组织规模	≤ 10	2.95	3.58
	11 ~ 50	3.19	3.80
	51 ~ 100	2.86	3.94
	> 100	2.95	3.82

（三）不同运营年限的休闲农业企业环境行为的差异分析

单因素方差分析结果显示，不同运营年限的休闲农业企业在环境战略制定上的组间方差检验 $F=3.162$，对应的相伴概率 $P=0.024$，低于显著性水平 0.05，由此可见不同运营年限的休闲农业企业在环境战略制定上存在显著差异；不同运营年限的休闲农业企业在环境过程管理上的组间方差检验 $F=1.491$，对应的相伴概率 $P=0.216$，高于显著性水平 0.05，由此可见不同运营年限的休闲农业企业在环境过程管理上不存在显著差异；不同运营年限的休闲农业企业在环境宣传教育上的组间方差检验 $F=2.033$，对应的相伴概率 $P=0.108$，高于显著性水平 0.05，由此可见不同运营年限的休闲农业企业在环境宣传教育上不存在显著差异；不同运营年限的休闲农业企业在环境信息沟通上的组间方差检验 $F=5.169$，对应的相伴概率 $P=0.002$，低于显著性水平 0.05，由此可见不同运营年限的休闲农业企业在环境信息沟通上存在显著差异，如表 5-24 所示。

表 5-24　不同运营年限的休闲农业企业环境行为的方差分析

		平方和	自由度	均方和	F 值	P 值
环境战略制定	组间	9.371	3	3.124	3.162	0.024
	组内	515.629	522	0.988	—	—
	总计	525.000	525	—	—	—
环境过程管理	组间	4.460	3	1.487	1.491	0.216
	组内	520.540	522	0.997	—	—
	总计	525.000	525	—	—	—
环境宣传教育	组间	6.063	3	2.021	2.033	0.108
	组内	518.937	522	0.994	—	—
	总计	525.000	525	—	—	—
环境信息沟通	组间	15.146	3	5.049	5.169	0.002
	组内	509.854	522	0.977	—	—
	总计	525.000	525	—	—	—

运用 LSD 法进行多重比较，研究发现在环境战略制定上，第 2 组与第 1 组、第 4 组均存在显著差异，即运营年限为 3 ~ 5 年的休闲农业企业与运营年限为 3 年以下、10 年以上的休闲农业企业在环境战略制定上有显著差异。此外，在环境信息沟通方面，第 3 组与其余几组存在显著差异，即运营年限为 5 ~ 10 年的休闲农业企业与其余几组在环境信息沟通上均有显著差异，如表 5-25 所示。如表 5-26 所示，可以看出，运营年限为 3 ~ 5 年的休闲农业

企业与其余两组企业相比，在环境战略制定上的表现较好，其原因可能是由于运营年限为 3 ～ 5 年的休闲农业企业正处于快速成长期，有着长远的奋斗目标，由此更为注重宏观层面的环境战略管理；运营年限为 5 ～ 10 年的休闲农业企业与其余几组企业相比，在环境信息沟通上的表现较好，其原因可能是运营年限为 5 ～ 10 年的休闲农业企业已处于成熟期，获取环境信息的渠道和方式更为多元。

表 5-25 不同运营年限的休闲农业企业在环境战略制定及环境信息沟通上的多重比较分析

因变量	（I）运营年限	（J）运营年限	均方差（I–J）	标准差	P 值	95% 置信空间	
						最小值	最大值
环境战略制定	1	2	−0.321*	0.118	0.007	−0.552	−0.089
		3	−0.199	0.121	0.101	−0.437	0.039
		4	0.009	0.168	0.958	−0.321	0.339
	2	1	0.321*	0.118	0.007	0.089	0.552
		3	0.122	0.105	0.245	−0.084	0.327
		4	0.330*	0.156	0.035	0.022	0.637
	3	1	0.199	0.121	0.101	−0.039	0.437
		2	−0.122	0.105	0.245	−0.327	0.084
		4	0.208	0.159	0.192	−0.104	0.520
	4	1	−0.009	0.168	0.958	−0.339	0.321
		2	−0.330*	0.156	0.035	−0.637	−0.022
		3	−0.208	0.159	0.192	−0.520	0.104
环境信息沟通	1	2	0.017	0.117	0.882	−0.213	0.248
		3	−0.339*	0.121	0.005	−0.576	−0.102
		4	0.086	0.167	0.605	−0.242	0.414
	2	1	−0.017	0.117	0.882	−0.248	0.213
		3	−0.356*	0.104	0.001	−0.561	−0.152
		4	0.069	0.155	0.658	−0.236	0.374
	3	1	0.339*	0.121	0.005	0.102	0.576
		2	0.356*	0.104	0.001	0.152	0.561
		4	0.425*	0.158	0.007	0.115	0.736
	4	1	−0.086	0.167	0.605	−0.414	0.242
		2	−0.069	0.155	0.658	−0.374	0.236
		3	−0.425*	0.158	0.007	−0.736	−0.115

注：* 表示均差在 0.05 的水平上具有统计上的显著性。

表 5-26　不同运营年限的休闲农业企业在环境战略制定及环境信息沟通上的均值

		环境战略制定	环境信息沟通
运营年限	3 年以下	2.94	2.79
	3 ~ 5 年	3.23	2.82
	5 ~ 10 年	2.99	3.04
	10 年以上	2.92	2.79

（四）不同组织等级的休闲农业企业环境行为的差异分析

单因素方差分析结果显示，不同组织等级的休闲农业企业在环境战略制定上的组间方差检验 $F=35.309$，对应的相伴概率 $P=0.000$，低于显著性水平 0.05，由此可见不同组织等级的休闲农业企业在环境战略制定上存在显著差异；不同组织等级的休闲农业企业在环境过程管理上的组间方差检验 $F=17.352$，对应的相伴概率 $P=0.000$，低于显著性水平 0.05，由此可见不同组织等级的休闲农业企业在环境过程管理上存在显著差异；不同组织等级的休闲农业企业在环境宣传教育上的组间方差检验 $F=7.382$，对应的相伴概率 $P=0.001$，低于显著性水平 0.05，由此可见不同组织等级的休闲农业企业在环境宣传教育上存在显著差异；不同组织等级的休闲农业企业在环境信息沟通上的组间方差检验 $F=1.818$，对应的相伴概率 $P=0.163$，高于显著性水平 0.05，由此可见不同组织等级的休闲农业企业在环境信息沟通上不存在显著差异，如表 5-27 所示。

表 5-27　不同组织等级的休闲农业企业环境行为的方差分析

		平方和	自由度	均方和	F 值	P 值
环境战略制定	组间	62.454	2	31.227	35.309	0.000
	组内	462.546	523	0.884	—	—
	总计	525.000	525	—	—	—

		平方和	自由度	均方和	F 值	P 值
环境过程管理	组间	32.668	2	16.334	17.352	0.000
	组内	492.332	523	0.941	—	—
	总计	525.000	525	—	—	—
环境宣传教育	组间	14.413	2	7.207	7.382	0.001
	组内	510.587	523	0.976	—	—
	总计	525.000	525	—	—	—
环境信息沟通	组间	3.624	2	1.812	1.818	0.163
	组内	521.376	523	0.997	—	—
	总计	525.000	525	—	—	—

运用 LSD 法进行多重比较，研究发现在环境战略制定方面，第 2 组与第 1 组、第 3 组均存在显著差异，即三星级乡村旅游经营单位与四星级乡村旅游经营单位、未获星级乡村旅游经营单位在环境战略制定上均有显著差异；在环境过程管理方面，第 1 组与第 2 组、第 3 组均存在显著差异，即四星级乡村旅游经营单位与三星级乡村旅游经营单位、未获星级乡村旅游经营单位在环境过程管理上均有显著差异；在环境宣传教育方面，第 1 组与第 3 组存在显著差异，即四星级乡村旅游经营单位与未获星级乡村旅游经营单位在环境宣传教育上有显著差异，如表 5-28 所示。如表 5-29 所示，可以看出，未获星级乡村旅游经营单位与其余两组企业相比，在三类环境行为上的表现均为最佳。出现这一结果的原因可能是由于近年来相关部门暂停星级乡村旅游经营单位的评定工作，未获星级的企业由于自身未获星级才更需严以律己，努力在激烈的市场竞争中求得一线生机。

表 5-28 不同组织等级的休闲农业企业在环境战略制定、环境过程管理
及环境宣传教育上的多重比较分析

因变量	（I）组织等级	（J）组织等级	均方差（I-J）	标准差	P 值	95% 置信空间	
						最小值	最大值
环境战略制定	1	2	−0.066	0.248	0.790	−0.553	0.421
		3	−1.123*	0.197	0.000	−1.510	−0.736
	2	1	0.066	0.248	0.790	−0.421	0.553
		3	−1.057*	0.163	0.000	−1.377	−0.737
	3	1	1.123*	0.197	0.000	0.736	1.510
		2	1.057*	0.163	0.000	0.737	1.377
环境过程管理	1	2	−1.178*	0.256	0.000	−1.680	−0.676
		3	−1.195*	0.203	0.000	−1.594	−0.796
	2	1	1.178*	0.256	0.000	0.676	1.680
		3	−0.017	0.168	0.918	−0.347	0.313
	3	1	1.195*	0.203	0.000	0.796	1.594
		2	0.017	0.168	0.918	−0.313	0.347
环境宣传教育	1	2	−0.376	0.260	0.149	−0.887	0.136
		3	−0.708*	0.207	0.001	−1.114	−0.302
	2	1	0.376	0.260	0.149	−0.136	0.887
		3	−0.332	0.171	0.052	−0.668	0.004
	3	1	−.708*	0.207	0.001	0.302	1.114
		2	0.332	0.171	0.052	−0.004	0.668

注：* 表示均差在 0.05 的水平上具有统计上的显著性。

表 5-29 不同组织等级的休闲农业企业在环境战略制定、环境过程管理
及环境宣传教育上的均值

		环境战略制定	环境过程管理	环境宣传教育
组织等级	四星级乡村旅游经营单位	2.639	3.063	3.042
	三星级乡村旅游经营单位	2.694	3.181	3.722
	未获星级乡村旅游经营单位	3.099	3.829	3.837

（五）不同经营管理方式的休闲农业企业环境行为的差异分析

单因素方差分析结果显示，不同经营管理方式的休闲农业企业在环境战略制定上的组间方差检验 $F=0.878$，对应的相伴概率 $P=0.416$，高于显著性水

平 0.05，由此可见不同经营管理方式的休闲农业企业在环境战略制定上不存
在显著差异；不同经营管理方式的休闲农业企业在环境过程管理上的组间方
差检验 $F=2.662$，对应的相伴概率 $P=0.071$，高于显著性水平 0.05，由此可
见不同经营管理方式的休闲农业企业在环境过程管理上不存在显著差异；不
同经营管理方式的休闲农业企业在环境宣传教育上的组间方差检验 $F=7.300$，
对应的相伴概率 $P=0.001$，低于显著性水平 0.05，由此可见不同经营管理方
式的休闲农业企业在环境宣传教育上存在显著差异；不同经营管理方式的
休闲农业企业在环境信息沟通上的组间方差检验 $F=7.525$，对应的相伴概率
$P=0.001$，低于显著性水平 0.05，由此可见不同经营管理方式的休闲农业企业
在环境信息沟通上存在显著差异，如表 5-30 所示。

表 5-30　不同经营管理方式的休闲农业企业环境行为的方差分析

		平方和	自由度	均方和	F 值	P 值
	组间	1.756	2	0.878	0.878	0.416
环境战略制定	组内	523.244	523	1.000	—	—
	总计	525.000	525	—	—	—
	组间	5.290	2	2.645	2.662	0.071
环境过程管理	组内	519.710	523	0.994	—	—
	总计	525.000	525	—	—	—
	组间	14.257	2	7.129	7.300	0.001
环境宣传教育	组内	510.743	523	0.977	—	—
	总计	525.000	525	—	—	—
	组间	14.685	2	7.343	7.525	0.001
环境信息沟通	组内	510.315	523	0.976	—	—
	总计	525.000	525	—	—	—

　　运用 LSD 法进行多重比较，研究发现在环境宣传教育方面，第 1 组与第
2 组、第 3 组均存在显著差异，即自主管理的休闲农业企业与委托管理及承
包经营的休闲农业企业在环境宣传教育上有显著差异；在环境信息沟通方面，

第 3 组与第 1 组、第 2 组均存在显著差异，即承包经营的休闲农业企业与自主管理及委托管理的休闲农业企业在环境信息沟通上有显著差异，如表 5-31 所示。如表 5-32 所示，可以看出，自主管理的休闲农业企业与其余两组企业相比，在环境宣传教育上的表现最差。出现这一结果可能是自主管理的休闲农业企业由于自身组织能力、管理能力的限制等而对环境宣传教育的关注不足；承包经营的休闲农业企业在环境信息沟通上的表现最好，这可能是由于他们对外界的信息更为敏感，更懂得借用外部信息的力量进行管理。

表 5-31　不同经营管理方式的休闲农业企业在环境宣传教育
及环境信息沟通上的多重比较分析

因变量	(I) 经营管理方式	(J) 经营管理方式	均方差（I-J）	标准差	P 值	95% 置信空间	
						最小值	最大值
环境宣传教育	1	2	−0.290*	0.143	0.042	−0.570	−0.010
		3	−0.598*	0.176	0.001	−0.944	−0.253
	2	1	0.290*	0.143	0.042	0.010	0.570
		3	−0.308	0.216	0.155	−0.733	0.117
	3	1	0.598*	0.176	0.001	0.253	0.944
		2	0.308	0.216	0.155	−0.117	0.733
环境信息沟通	1	2	−0.031	0.142	0.828	−0.311	0.249
		3	−0.682*	0.176	0.000	−1.027	−0.336
	2	1	0.031	0.142	0.828	−0.249	0.311
		3	−0.651*	0.216	0.003	−1.076	−0.226
	3	1	0.682*	0.176	0.000	0.336	1.027
		2	0.651*	0.216	0.003	0.226	1.076

注：* 表示均差在 0.05 的水平上具有统计上的显著性。

表 5-32　不同经营管理方式的休闲农业企业在环境宣传教育及环境信息沟通上的均值

		环境宣传教育	环境信息沟通
	自主管理	3.753	2.815
经营管理方式	委托管理	3.878	3.080
	承包经营	4.035	3.422

二、不同休闲农业企业环境行为形成机理的差异分析

（一）不同地理区位的休闲农业企业环境行为形成机理的差异分析

单因素方差分析结果显示，不同地理区位的休闲农业企业在环境规制上的组间方差检验 $F=0.056$，对应的相伴概率 $P=0.946$，高于显著性水平0.05，由此可见不同地理区位的休闲农业企业在环境规制的影响下不存在显著差异；不同地理区位的休闲农业企业在利益相关者压力下的组间方差检验 $F=8.052$，对应的相伴概率 $P=0.000$，低于显著性水平0.05，由此可见不同地理区位的休闲农业企业在利益相关者压力的影响下存在显著差异；不同地理区位的休闲农业企业在利益链条上的组间方差检验 $F=5.138$，对应的相伴概率 $P=0.006$，低于显著性水平0.05，由此可见不同地理区位的休闲农业企业在利益链条的影响下存在显著差异；不同地理区位的休闲农业企业在管理层环境意识上的组间方差检验 $F=8.550$，对应的相伴概率 $P=0.000$，低于显著性水平0.05，由此可见不同地理区位的休闲农业企业在管理层环境意识的影响下存在显著差异；不同地理区位的休闲农业企业在信息与技术资源上的组间方差检验 $F=1.594$，对应的相伴概率 $P=0.204$，高于显著性水平0.05，由此可见不同地理区位的休闲农业企业在信息与技术资源的影响下不存在显著差异，如表5-33所示。

表 5-33　不同地理区位的休闲农业企业环境行为形成机理的方差分析

		平方和	自由度	均方和	F 值	P 值
环境规制	组间	0.112	2	0.056	0.056	0.946
	组内	524.888	523	1.004	—	—
	总计	525.000	525	—	—	—
利益相关者压力	组间	15.682	2	7.841	8.052	0.000
	组内	509.318	523	0.974	—	—
	总计	525.000	525	—	—	—
利益链条	组间	10.116	2	5.058	5.138	0.006
	组内	514.884	523	0.984	—	—
	总计	525.000	525	—	—	—
管理层环境意识	组间	16.622	2	8.311	8.550	0.000
	组内	508.378	523	0.972	—	—
	总计	525.000	525	—	—	—
信息与技术资源	组间	3.182	2	1.591	1.594	0.204
	组内	521.818	523	0.998	—	—
	总计	525.000	525	—	—	—

　　运用 LSD 法进行多重比较，研究发现在利益相关者压力及管理层环境意识方面，第 3 组与第 1 组、第 2 组存在显著差异，即利益相关者压力及管理层环境意识对位于农村的休闲农业企业与位于城市及城市郊区的休闲农业企业在环境行为的形成上有显著差异。在利益链条方面，第 1 组与第 3 组存在显著差异，即利益链条对位于城市的休闲农业企业与位于农村的休闲农业企业在环境行为的形成上有显著差异，如表 5-34 所示。如表 5-35 所示，可以看出，位于农村的休闲农业企业与其余两组企业相比，利益相关者压力及管理层环境意识对其环境行为形成的推动作用更小。造成这种情况的原因可能是位于农村的休闲农业企业其利益相关者给到的压力较小，管理层更多关注经济利益，环境管理的意识相对薄弱，因而利益相关者压力及管理层环境意

识对位于农村的休闲农业企业环境行为形成的推动作用更小。此外，位于农村的休闲农业企业可能是由于视野、眼界等的限制，他们实施环境行为更多的是为了增加利润、获得环保政策优惠等单一的利益，因而利益链条对其环境行为形成的推动作用更小。

表 5-34 不同地理区位的休闲农业企业在利益相关者压力、利益链条、
管理层环境意识上的多重比较分析

因变量	（I）区位	（J）区位	均方差（I–J）	标准差	P 值	95% 置信空间	
						最小值	最大值
利益相关者压力	1	2	0.282	0.171	0.100	−0.055	0.618
		3	0.541*	0.153	0.000	0.241	0.842
	2	1	−0.282	0.171	0.100	−0.618	0.055
		3	0.260*	0.106	0.015	0.051	0.468
	3	1	−0.541*	0.153	0.000	−0.842	−0.241
		2	−0.260*	0.106	0.015	−0.468	−0.051
利益链条	1	2	0.274	0.172	0.112	−0.064	0.612
		3	0.455*	0.154	0.003	0.153	0.757
	2	1	−0.274	0.172	0.112	−0.612	0.064
		3	0.181	0.107	0.090	−0.029	0.391
	3	1	−0.455*	0.154	0.003	−0.757	−0.153
		2	−0.181	0.107	0.090	−0.391	0.029
管理层环境意识	1	2	−0.063	0.171	0.711	−0.400	0.273
		3	0.340*	0.153	0.026	0.040	0.640
	2	1	0.063	0.171	0.711	−0.273	0.400
		3	0.403*	0.106	0.000	0.195	0.612
	3	1	−0.340*	0.153	0.026	−0.640	−0.040
		2	−0.403*	0.106	0.000	−0.612	−0.195

注：* 表示均差在 0.05 的水平上具有统计上的显著性。

表 5-35　不同地理区位的休闲农业企业在利益相关者压力、利益链条、
管理层环境意识上的均值

		利益相关者压力	利益链条	管理层环境意识
地理区位	城市	3.609	3.546	3.628
	城市郊区	3.545	3.381	3.449
	农村	3.481	3.444	3.266

（二）不同组织规模的休闲农业企业环境行为形成机理的差异分析

单因素方差分析结果显示，不同组织规模的休闲农业企业在环境规制上的组间方差检验 $F=4.648$，对应的相伴概率 $P=0.003$，低于显著性水平 0.05，由此可见不同组织规模的休闲农业企业在环境规制的影响下存在显著差异；不同组织规模的休闲农业企业在利益相关者压力下的组间方差检验 $F=1.318$，对应的相伴概率 $P=0.268$，高于显著性水平 0.05，由此可见不同组织规模的休闲农业企业在利益相关者压力的影响下不存在显著差异；不同组织规模的休闲农业企业在利益链条上的组间方差检验 $F=2.402$，对应的相伴概率 $P=0.067$，高于显著性水平 0.05，由此可见不同组织规模的休闲农业企业在利益链条的影响下不存在显著差异；不同组织规模的休闲农业企业在管理层环境意识上的组间方差检验 $F=11.459$，对应的相伴概率 $P=0.000$，低于显著性水平 0.05，由此可见不同组织规模的休闲农业企业在管理层环境意识的影响下存在显著差异；不同组织规模的休闲农业企业在信息与技术资源上的组间方差检验 $F=0.381$，对应的相伴概率 $P=0.767$，高于显著性水平 0.05，由此可见不同组织规模的休闲农业企业在信息与技术资源的影响下不存在显著差异，如表 5-36 所示。

表 5-36　不同组织规模的休闲农业企业环境行为形成机理的方差分析

		平方和	自由度	均方和	F 值	P 值
环境规制	组间	13.660	3	4.553	4.648	0.003
	组内	511.340	522	0.980	—	—
	总计	525.000	525	—	—	—
利益相关者压力	组间	3.946	3	1.315	1.318	0.268
	组内	521.054	522	0.998	—	—
	总计	525.000	525	—	—	—
利益链条	组间	7.150	3	2.383	2.402	0.067
	组内	517.850	522	0.992	—	—
	总计	525.000	525	—	—	—
管理层环境意识	组间	32.439	3	10.813	11.459	0.000
	组内	492.561	522	0.944	—	—
	总计	525.000	525	—	—	—
信息与技术资源	组间	1.147	3	0.382	0.381	0.767
	组内	523.853	522	1.004	—	—
	总计	525.000	525	—	—	—

　　运用 LSD 法进行多重比较，研究发现在环境规制及管理层环境意识方面，第 2 组与第 1 组、第 3 组存在显著差异，即环境规制及管理层环境意识对组织规模介于 11 ～ 50 人的休闲农业企业与组织规模在 10 人以下及介于 51 ～ 100 人的休闲农业企业在环境行为的形成上有显著差异，如表 5-37 所示。如表 5-38 所示，可以看出，组织规模介于 11 ～ 50 人的休闲农业企业，环境规制及管理层环境意识对其环境行为形成的推动作用最大。造成这种情况的原因可能是组织规模介于 11 ～ 50 人的休闲农业企业已有一定的发展规模，有着更高的发展目标，更为关注政府的相关政策，因而环境规制及管理层环境意识对其环境行为形成的推动作用最大。

表 5-37　不同组织规模的休闲农业企业在环境规制及管理层环境意识上的多重比较分析

因变量	（I）组织规模	（J）组织规模	均方差（I-J）	标准差	P 值	95% 置信空间	
						最小值	最大值
环境规制	1	2	-0.312*	0.099	0.002	-0.506	-0.119
		3	0.043	0.136	0.750	-0.223	0.310
		4	-0.050	0.209	0.811	-0.460	0.360
	2	1	0.312*	0.099	0.002	0.119	0.506
		3	0.356*	0.128	0.006	0.104	0.607
		4	0.263	0.204	0.198	-0.138	0.663
	3	1	-0.043	0.136	0.750	-0.310	0.223
		2	-0.356*	0.128	0.006	-0.607	-0.104
		4	-0.093	0.224	0.678	-0.533	0.347
	4	1	0.050	0.209	0.811	-0.360	0.460
		2	-0.263	0.204	0.198	-0.663	0.138
		3	0.093	0.224	0.678	-0.347	0.533
管理层环境意识	1	2	-0.480*	0.097	0.000	-0.670	-0.290
		3	0.076	0.133	0.570	-0.186	0.337
		4	-0.116	0.205	0.571	-0.519	0.286
	2	1	0.480*	0.097	0.000	0.290	0.670
		3	0.556*	0.126	0.000	0.309	0.803
		4	0.364	0.200	0.069	-0.029	0.757
	3	1	-0.076	0.133	0.570	-0.337	0.186
		2	-0.556*	0.126	0.000	-0.803	-0.309
		4	-0.192	0.220	0.383	-0.624	0.240
	4	1	0.116	0.205	0.571	-0.286	0.519
		2	-0.364	0.200	0.069	-0.757	0.029
		3	0.192	0.220	0.383	-0.240	0.624

注：* 表示均差在 0.05 的水平上具有统计上的显著性。

表 5-38　不同组织规模的休闲农业企业在环境规制及管理层环境意识上的均值

		环境规制	管理层环境意识
组织规模	≤ 10	3.255	3.341
	11 ~ 50	3.688	3.391
	51 ~ 100	3.167	3.183
	> 100	3.346	3.260

（三）不同运营年限的休闲农业企业环境行为形成机理的差异分析

单因素方差分析结果显示，不同运营年限的休闲农业企业在环境规制上的组间方差检验 $F=2.741$，对应的相伴概率 $P=0.043$，低于显著性水平 0.05，由此可见不同运营年限的休闲农业企业在环境规制的影响下存在显著差异；不同运营年限的休闲农业企业在利益相关者压力下的组间方差检验 $F=2.819$，对应的相伴概率 $P=0.038$，低于显著性水平 0.05，由此可见不同运营年限的休闲农业企业在利益相关者压力的影响下存在显著差异；不同运营年限的休闲农业企业在利益链条上的组间方差检验 $F=1.706$，对应的相伴概率 $P=0.165$，高于显著性水平 0.05，由此可见不同运营年限的休闲农业企业在利益链条的影响下不存在显著差异；不同运营年限的休闲农业企业在管理层环境意识上的组间方差检验 $F=3.073$，对应的相伴概率 $P=0.027$，低于显著性水平 0.05，由此可见不同运营年限的休闲农业企业在管理层环境意识的影响下存在显著差异；不同运营年限的休闲农业企业在信息与技术资源上的组间方差检验 $F=1.102$，对应的相伴概率 $P=0.348$，高于显著性水平 0.05，由此可见不同运营年限的休闲农业企业在信息与技术资源的影响下不存在显著差异，如表 5-39 所示。

表 5-39　不同运营年限的休闲农业企业环境行为形成机理的方差分析

		平方和	自由度	均方和	F 值	P 值
环境规制	组间	8.143	3	2.714	2.741	0.043
	组内	516.857	522	0.990	—	—
	总计	525.000	525	—	—	—
利益相关者压力	组间	8.371	3	2.790	2.819	0.038
	组内	516.629	522	0.990	—	—
	总计	525.000	525	—	—	—
利益链条	组间	5.098	3	1.699	1.706	0.165
	组内	519.902	522	0.996	—	—
	总计	525.000	525	—	—	—
管理层环境意识	组间	9.110	3	3.037	3.073	0.027
	组内	515.890	522	0.988	—	—
	总计	525.000	525	—	—	—
信息与技术资源	组间	3.304	3	1.101	1.102	0.348
	组内	521.696	522	0.999	—	—
	总计	525.000	525	—	—	—

运用 LSD 法进行多重比较，研究发现在环境规制及管理层环境意识方面，第 1 组与第 3 组存在显著差异，即环境规制及管理层环境意识对运营年限为 3 年以下的休闲农业企业与运营年限为 5 ～ 10 年的休闲农业企业在环境行为的形成上有显著差异。此外，在利益相关者压力方面，第 1 组与第 4 组、第 2 组与第 3 组、第 3 组与第 4 组也存在显著差异，即利益相关者压力对运营年限为 3 年以下的休闲农业企业与运营年限为 10 年以上的休闲农业企业、运营年限为 5 ～ 10 年的休闲农业企业与运营年限为 3 ～ 5 年及 10 年以上的休闲农业企业在环境行为的形成上有显著差异，如表 5-40 所示。如表 5-41 所示，可以看出，运营年限为 3 年以下的休闲农业企业与运营年限为 5 ～ 10 年的休闲农业企业相比，环境规制对其环境行为形成的推动作用较小，管理层环境意识对其环境行为形成的推动作用较大。造成这种情况的原因可能是

运营年限为 3 年以下的休闲农业企业正处于事业发展的起步阶段，更在意的是如何拓展市场，获取经济利益，对于相关的环境政策关注度较低。而运营年限为 5～10 年的休闲农业企业，处于企业发展的成熟期，对于是否满足利益相关者的合理需求更为关注，因而利益相关者压力对其环境行为形成的推动作用最大。

表 5-40　不同运营年限的休闲农业企业在环境规制、利益相关者压力、管理层
环境意识上的多重比较分析

因变量	（I）运营年限	（J）运营年限	均方差（I-J）	标准差	P 值	95% 置信空间	
						最小值	最大值
环境规制	1	2	−0.148	0.118	0.211	−0.380	0.084
		3	−0.321*	0.121	0.008	−0.560	−0.083
		4	−0.029	0.168	0.862	−0.359	0.301
	2	1	0.148	0.118	0.211	−0.084	0.380
		3	−0.174	0.105	0.098	−0.379	0.032
		4	0.119	0.157	0.449	−0.189	0.426
	3	1	0.321*	0.121	0.008	0.083	0.560
		2	0.174	0.105	0.098	−0.032	0.379
		4	0.292	0.159	0.067	−0.020	0.605
	4	1	0.029	0.168	0.862	−0.301	0.359
		2	−0.119	0.157	0.449	−0.426	0.189
		3	−0.292	0.159	0.067	−0.605	0.020
利益相关者压力	1	2	0.224	0.118	0.058	−0.007	0.456
		3	0.015	0.121	0.900	−0.223	0.254
		4	0.354*	0.168	0.036	0.024	0.684
	2	1	−0.224	0.118	0.058	−0.456	0.007
		3	−0.209*	0.105	0.046	−0.415	−0.003
		4	0.130	0.156	0.407	−0.178	0.437
	3	1	−0.015	0.121	0.900	−0.254	0.223
		2	0.209*	0.105	0.046	0.003	0.415
		4	0.339*	0.159	0.034	0.026	0.651
	4	1	−0.354*	0.168	0.036	−0.684	−0.024
		2	−0.130	0.156	0.407	−0.437	0.178
		3	−0.339*	0.159	0.034	−0.651	−0.026

因变量	（I）运营年限	（J）运营年限	均方差（I-J）	标准差	P值	95% 置信空间	
						最小值	最大值
管理层环境意识	1	2	−0.189	0.118	0.109	−0.421	0.042
		3	−0.366*	0.121	0.003	−0.604	−0.128
		4	−0.206	0.168	0.219	−0.536	0.123
	2	1	0.189	0.118	0.109	−0.042	0.421
		3	−0.177	0.105	0.092	−0.382	0.029
		4	−0.017	0.156	0.913	−0.324	0.290
	3	1	0.366*	0.121	0.003	0.128	0.604
		2	0.177	0.105	0.092	−0.029	0.382
		4	0.160	0.159	0.316	−0.153	0.472
	4	1	0.206	0.168	0.219	−0.123	0.536
		2	0.017	0.156	0.913	−0.290	0.324
		3	−0.160	0.159	0.316	−0.472	0.153

注：* 表示均差在 0.05 的水平上具有统计上的显著性。

表 5-41　不同运营年限的休闲农业企业在环境规制、利益相关者压力、
管理层环境意识上的均值

		环境规制	利益相关者压力	管理层环境意识
运营年限	3 年以下	3.265	3.382	3.362
	3～5 年	3.429	3.491	3.278
	5～10 年	3.635	3.638	3.438
	10 年以上	3.588	3.526	3.336

（四）不同组织等级的休闲农业企业环境行为形成机理的差异分析

单因素方差分析结果显示，不同组织等级的休闲农业企业在环境规制上的组间方差检验 F=7.419，对应的相伴概率 P=0.001，低于显著性水平 0.05，由此可见不同组织等级的休闲农业企业在环境规制的影响下存在显著差异；不同组织等级的休闲农业企业在利益相关者压力下的组间方差检验 F=7.311，对应的相伴概率 P=0.001，低于显著性水平 0.05，由此可见不同组织等级的休闲农业企业在利益相关者压力的影响下存在显著差异；不同组织等级的休

农业企业在利益链条上的组间方差检验 F=3.842，对应的相伴概率 P=0.022，低于显著性水平 0.05，由此可见不同组织等级的休闲农业企业在利益链条的影响下存在显著差异；不同组织等级的休闲农业企业在管理层环境意识上的组间方差检验 F=22.122，对应的相伴概率 P=0.000，低于显著性水平 0.05，由此可见不同组织等级的休闲农业企业在管理层环境意识的影响下存在显著差异；不同组织等级的休闲农业企业在信息与技术资源上的组间方差检验 F=3.643，对应的相伴概率 P=0.027，低于显著性水平 0.05，由此可见不同组织等级的休闲农业企业在信息与技术资源的影响下存在显著差异，如表 5-42 所示。

表 5-42   不同组织等级的休闲农业企业环境行为形成机理的方差分析

		平方和	自由度	均方和	F 值	P 值
环境规制	组间	14.483	2	7.241	7.419	0.001
	组内	510.517	523	0.976	—	—
	总计	525.000	525	—	—	—
利益相关者压力	组间	14.280	2	7.140	7.311	0.001
	组内	510.720	523	0.977	—	—
	总计	525.000	525	—	—	—
利益链条	组间	7.602	2	3.801	3.842	0.022
	组内	517.398	523	0.989	—	—
	总计	525.000	525	—	—	—
管理层环境意识	组间	40.949	2	20.475	22.122	0.000
	组内	484.051	523	0.926	—	—
	总计	525.000	525	—	—	—
信息与技术资源	组间	7.213	2	3.607	3.643	0.027
	组内	517.787	523	0.990	—	—
	总计	525.000	525	—	—	—

　　运用LSD法进行多重比较，研究发现在环境规制及利益相关者压力方面，第3组与第1组、第2组存在显著差异，即环境规制及利益相关者压力对未获星级乡村旅游经营单位与四星级乡村旅游经营单位、三星级乡村旅游经营单位在环境行为的形成上有显著差异；在利益链条及信息与技术资源方面，第1组与第3组也存在显著差异，即利益链条及信息与技术资源对四星级乡村旅游经营单位与未获星级乡村旅游经营单位在环境行为的形成上有显著差异；在管理层环境意识方面，不同组别之间均存在显著差异，即管理层环境意识对不同组织等级的休闲农业企业在环境行为的形成上有显著差异，如表5-43所示。如表5-44所示，可以看出，未获星级乡村旅游经营单位与其余两组企业相比，各影响因素对其环境行为形成的推动作用均最大。造成这种情况的原因可能是近年来相关部门暂停星级乡村旅游经营单位的评定工作，未获星级的企业为了更好地能在激烈的市场竞争中求得一线生机，对游客青睐的生态环境的管理意识更为强烈，也更关注相关的行业政策及信息与技术资源。

表5-43　不同组织等级的休闲农业企业在其环境行为形成的各影响因素上的多重比较分析

因变量	(I)组织等级	(J)组织等级	均方差(I-J)	标准差	P值	95% 置信空间	
						最小值	最大值
环境规制	1	2	0.081	0.260	0.755	−0.430	0.593
		3	−0.472*	0.207	0.023	−0.878	−0.065
	2	1	−0.081	0.260	0.755	−0.593	0.430
		3	−0.553*	0.171	0.001	−0.888	−0.217
	3	1	0.472*	0.207	0.023	0.065	0.878
		2	0.553*	0.171	0.001	0.217	0.888
利益相关者压力	1	2	0.108	0.260	0.678	−0.403	0.620
		3	−0.450*	0.207	0.030	−0.857	−0.044
	2	1	−0.108	0.260	0.678	−0.620	0.403
		3	−0.559*	0.171	0.001	−0.894	−0.223
	3	1	0.450*	0.207	0.030	0.044	0.857
		2	0.559*	0.171	0.001	0.223	0.894

因变量	（I）组织等级	（J）组织等级	均方差（I-J）	标准差	P值	95% 置信空间	
						最小值	最大值
利益链条	1	2	−0.257	0.262	0.327	−0.772	0.258
		3	−0.508*	0.208	0.015	−0.917	−0.099
	2	1	0.257	0.262	0.327	−0.258	0.772
		3	−0.251	0.172	0.146	−0.589	0.087
	3	1	0.508*	0.208	0.015	0.099	0.917
		2	0.251	0.172	0.146	−0.087	0.589
管理层环境意识	1	2	−0.682*	0.254	0.007	−1.180	−0.184
		3	−1.212*	0.201	0.000	−1.607	−0.816
	2	1	0.682*	0.254	0.007	0.184	1.180
		3	−0.530*	0.166	0.002	−0.857	−0.203
	3	1	1.212*	0.201	0.000	0.816	1.607
		2	0.530*	0.166	0.002	0.203	0.857
信息与技术资源	1	2	−0.241	0.262	0.358	−0.756	0.274
		3	−0.491*	0.208	0.019	−0.900	−0.082
	2	1	0.241	0.262	0.358	−0.274	0.756
		3	−0.250	0.172	0.147	−0.588	0.088
	3	1	0.491*	0.208	0.019	0.082	0.900
		2	0.250	0.172	0.147	−0.088	0.588

注：* 表示均差在 0.05 的水平上具有统计上的显著性。

表 5-44　不同组织等级的休闲农业企业在其环境行为形成的各影响因素上的均值

		环境规制	利益相关者压力	利益链条	管理层环境意识	信息与技术资源
组织等级	四星级乡村旅游经营单位	2.417	3.075	2.931	2.927	2.361
	三星级乡村旅游经营单位	2.944	3.106	3.157	2.944	2.602
	未获星级乡村旅游经营单位	3.549	3.560	3.488	3.389	2.926

（五）不同经营管理方式的休闲农业企业环境行为形成机理的差异分析

单因素方差分析结果显示，不同经营管理方式的休闲农业企业在环境规制上的组间方差检验 F=5.212，对应的相伴概率 P=0.006，低于显著性水平 0.05，由此可见不同经营管理方式的休闲农业企业在环境规制的影响下存在显著差异；不同经营管理方式的休闲农业企业在利益相关者压力下的组间方差检验 F=6.782，对应的相伴概率 P=0.001，低于显著性水平 0.05，由此可见不同经营管理方式的休闲农业企业在利益相关者压力的影响下存在显著差异；不同经营管理方式的休闲农业企业在利益链条上的组间方差检验 F=1.126，对应的相伴概率 P=0.325，高于显著性水平 0.05，由此可见不同经营管理方式的休闲农业企业在利益链条的影响下不存在显著差异；不同经营管理方式的休闲农业企业在管理层环境意识上的组间方差检验 F=9.707，对应的相伴概率 P=0.000，低于显著性水平 0.05，由此可见不同经营管理方式的休闲农业企业在管理层环境意识的影响下存在显著差异；不同经营管理方式的休闲农业企业在信息与技术资源上的组间方差检验 F=0.949，对应的相伴概率 P=0.388，高于显著性水平 0.05，由此可见不同经营管理方式的休闲农业企业在信息与技术资源的影响下不存在显著差异，如表 5-45 所示。

表 5-45　不同经营管理方式的休闲农业企业环境行为形成机理的方差分析

		平方和	自由度	均方和	F 值	P 值
环境规制	组间	10.260	2	5.130	5.212	0.006
	组内	514.740	523	0.984	—	—
	总计	525.000	525	—	—	—
利益相关者压力	组间	13.272	2	6.636	6.782	0.001
	组内	511.728	523	0.978	—	—
	总计	525.000	525	—	—	—

续表

		平方和	自由度	均方和	F 值	P 值
利益链条	组间	2.251	2	1.125	1.126	0.325
	组内	522.749	523	1.000	—	—
	总计	525.000	525	—	—	—
管理层环境意识	组间	18.791	2	9.395	9.707	0.000
	组内	506.209	523	0.968	—	—
	总计	525.000	525	—	—	—
信息与技术资源	组间	1.899	2	0.949	0.949	0.388
	组内	523.101	523	1.000	—	—
	总计	525.000	525	—	—	—

运用 LSD 法进行多重比较，研究发现在环境规制及管理层环境意识方面，第 1 组与第 2 组、第 3 组存在显著差异，即环境规制及管理层环境意识对自主管理的休闲农业企业与委托管理、承包经营的休闲农业企业在环境行为的形成上有显著差异；在利益相关者压力方面，第 3 组与第 1 组、第 2 组也存在显著差异，即利益相关者压力对承包经营的休闲农业企业与自主管理、委托管理的休闲农业企业在环境行为的形成上有显著差异，如表 5-46 所示。如表 5-47 所示，可以看出，承包经营的休闲农业企业与其余两组企业相比，环境规制、管理层环境意识及利益相关者压力对其环境行为形成的推动作用最大。出现这一结果的原因可能是承包经营的休闲农业企业承受了一定的经营压力，对相关的政策信息及利益相关者的信息更为敏感。

表 5-46　不同经营管理方式的休闲农业企业在环境规制、利益相关者压力、
管理层环境意识上的多重比较分析

因变量	（I）经营管理方式	（J）经营管理方式	均方差（I–J）	标准差	P 值	95% 置信空间	
						最小值	最大值
环境规制	1	2	−0.305*	0.143	0.034	−0.586	−0.024
		3	−0.460*	0.177	0.009	−0.807	−0.113
	2	1	0.305*	0.143	0.034	0.024	0.586
		3	−0.156	0.217	0.473	−0.582	0.271
	3	1	0.460*	0.177	0.009	0.113	0.807
		2	0.156	0.217	0.473	−0.271	0.582
利益相关者压力	1	2	0.071	0.143	0.619	−0.209	0.351
		3	−0.632*	0.176	0.000	−0.978	−0.286
	2	1	−0.071	0.143	0.619	−0.351	0.209
		3	−0.703*	0.217	0.001	−1.129	−0.278
	3	1	0.632*	0.176	0.000	0.286	0.978
		2	0.703*	0.217	0.001	0.278	1.129
管理层环境意识	1	2	−0.322*	0.142	0.024	−0.601	−0.044
		3	−0.694*	0.175	0.000	−1.038	−0.350
	2	1	0.322*	0.142	0.024	0.044	0.601
		3	−0.372	0.215	0.085	−0.795	0.051
	3	1	0.694*	0.175	0.000	0.350	1.038
		2	0.372	0.215	0.085	−0.051	0.795

注：* 表示均差在 0.05 的水平上具有统计上的显著性。

表 5-47　不同经营管理方式的休闲农业企业在环境规制、利益相关者压力、
管理层环境意识上的均值

		环境规制	利益相关者压力	管理层环境意识
经营管理方式	自主管理	3.379	3.457	3.304
	委托管理	3.698	3.681	3.338
	承包经营	4.069	3.865	3.779

第五节 研究假设的验证

基于前文的数据分析，本书将实证结果与先前理论假设一一进行对比，最后将研究假设检验进行汇总，所得结果如表 5–48 所示。在 42 个研究假设中，34 个研究假设得到数据支持，5 个研究假设没有得到数据支持，3 个研究假设得到部分支持。

表 5–48　研究假设检验汇总

研究假设	是否支持
A. 环境规制对休闲农业企业环境行为有正向作用	支持
a. 环境规制对环境战略制定有正向作用	支持
b. 环境规制对环境过程管理有正向作用	支持
c. 环境规制对环境宣传教育有正向作用	支持
d. 环境规制对环境信息沟通有正向作用	支持
B. 利益相关者压力对休闲农业企业环境行为有正向作用	部分支持
a. 利益相关者压力对环境战略制定有正向作用	支持
b. 利益相关者压力对环境过程管理有正向作用	不支持
c. 利益相关者压力对环境宣传教育有正向作用	不支持
d. 利益相关者压力对环境信息沟通有正向作用	支持
C. 利益链条对休闲农业企业环境行为有正向作用	支持
a. 利益链条对环境战略制定有正向作用	支持
b. 利益链条对环境过程管理有正向作用	支持
c. 利益链条对环境宣传教育有正向作用	支持
d. 利益链条对环境信息沟通有正向作用	支持
D. 管理层环境意识对休闲农业企业环境行为有正向作用	部分支持
a. 管理层环境意识对环境战略制定有正向作用	支持
b. 管理层环境意识对环境过程管理有正向作用	支持

续表

研究假设	是否支持
c. 管理层环境意识对环境宣传教育有正向作用	不支持
d. 管理层环境意识对环境信息沟通有正向作用	不支持
E. 各类因素通过影响管理层环境意识而对四类休闲农业企业环境行为的形成产生影响	支持
a. 环境规制通过影响管理层环境意识而对四类休闲农业企业环境行为的形成产生影响	支持
b. 利益相关者压力通过影响管理层环境意识而对四类休闲农业企业环境行为的形成产生影响	支持
c. 利益链条通过影响管理层环境意识而对四类休闲农业企业环境行为的形成产生影响	支持
d. 信息与技术资源通过影响管理层环境意识而对四类休闲农业企业环境行为的形成产生影响	支持
F. 信息与技术资源对休闲农业企业环境行为有正向作用	部分支持
a. 信息与技术资源对环境战略制定有正向作用	不支持
b. 信息与技术资源对环境过程管理有正向作用	支持
c. 信息与技术资源对环境宣传教育有正向作用	支持
d. 信息与技术资源对环境信息沟通有正向作用	支持
G. 不同休闲农业企业环境行为有显著差异	支持
a. 不同地理区位的休闲农业企业环境行为有显著差异	支持
b. 不同组织规模的休闲农业企业环境行为有显著差异	支持
c. 不同运营年限的休闲农业企业环境行为有显著差异	支持
d. 不同组织等级的休闲农业企业环境行为有显著差异	支持
e. 不同经营管理方式的休闲农业企业环境行为有显著差异	支持
H. 不同休闲农业企业环境行为形成机理有显著差异	支持
a. 不同地理区位的休闲农业企业环境行为形成机理有显著差异	支持
b. 不同组织规模的休闲农业企业环境行为形成机理有显著差异	支持
c. 不同运营年限的休闲农业企业环境行为形成机理有显著差异	支持
d. 不同组织等级的休闲农业企业环境行为形成机理有显著差异	支持
e. 不同经营管理方式的休闲农业企业环境行为形成机理有显著差异	支持

第六章　休闲农业企业环境行为评价指标体系构建

第一节　休闲农业企业环境行为评价指标体系构建

一、休闲农业企业环境行为评价指标体系构建的原则

研究主要基于以下原则选取相应的指标。

第一，科学性原则。休闲农业企业环境行为评价指标的选择要能够科学、准确、可靠地反映出休闲农业企业环境行为的总体情况。这是一个复杂的系统工程，既要考虑把科学合理的指标纳入体系，还要考虑指标层次的清晰分明，不能有重复或类似的指标。

第二，系统性原则。休闲农业企业环境行为评价的指标是一个有机整体。在选取评价指标时要有系统整体性的观点，不仅要考虑环境行为的过程，还要考虑环境行为的结果。各指标之间看似是相互独立的，实际上是相互联系的。

第三，可操作性原则。指标的可操作性原则要求在选取休闲农业企业环境行为评价指标时要基于可观测、可调查的客观事实，保证指标数据可以通过一定的方式获得，能够量化处理，为后续的实证研究奠定数据基础。

二、休闲农业企业环境行为评价层次结构模型

研究根据休闲农业企业及其环境行为的特点，借鉴《企业环境信用评价办法（试行）》《企业环境信用评价指标及评分方法》等文件及学者们的相关文献研究，通过征集环境学、旅游学、农业学等学科专家及休闲农业企业的意见，将休闲农业企业环境行为评价所包含的因素按照属性及支配关系进行分层，构建了休闲农业企业环境行为评价指标层次结构模型，如图 6-1 所示。

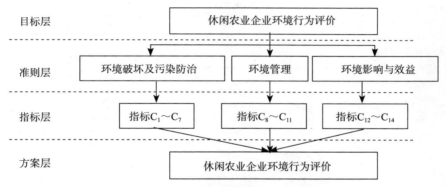

图 6-1　休闲农业企业环境行为评价层次结构模型

该模型由目标层、准则层、指标层、方案层四个层次构成。目标层（A 层）为休闲农业企业环境行为评价；准则层（B 层）为休闲农业企业环境行为评价的子项目，包括环境破坏及污染防治、环境管理、环境影响与效益 3 个层面；指标层（C 层）为各准则层具体内容的指标；方案层（D 层）为各参评的休闲农业企业，是对前三层的实践应用。

三、休闲农业企业环境行为评价指标体系的构成

休闲农业企业环境行为评价指标体系共有指标 14 个，如表 6-1 所示。

表 6-1 休闲农业企业环境行为评价指标体系

目标层	准则层	指标层
休闲农业企业环境行为评价 A	B₁ 环境破坏及污染防治	C_1 固体废弃物污染防治
		C_2 水体污染防治
		C_3 土壤污染防治
		C_4 空气污染防治
		C_5 噪声污染防治
		C_6 植被破坏防治
		C_7 人文环境破坏防治
	B₂ 环境管理	C_8 环保制度与政策
		C_9 环保人员安排
		C_{10} 环保项目与活动设计
		C_{11} 环保设施设备投入
	B₃ 环境影响与效益	C_{12} 经济效益
		C_{13} 生态影响
		C_{14} 社会影响

（一）B_1 环境破坏及污染防治

环境破坏及污染防治是指休闲农业企业为避免环境破坏及预防环境污染而采取的防治措施，包括固体废弃物污染防治、水体污染防治、土壤污染防治、空气污染防治、噪声污染防治、植被破坏防治、人文环境破坏防治 7 个指标。

C_1 固体废弃物污染防治：主要考核固体废物处理处置率。

C_2 水体污染防治：主要考核生活污水、粪水等是否经过妥善处理后排入农田、河道、池塘或湖泊；是否避免将废弃的农药包装物随意扔入水中；是

否避免在上流水域随便开发建设休闲农业项目。

C_3土壤污染防治：主要考核是否避免大面积种植对土壤有破坏性的植物（如桉树）；是否避免过量施肥；是否避免利用推土机、挖掘机等设备盲目地挖掘泥沙。

C_4空气污染防治：主要考核是否采取措施避免交通工具及周边工业建设项目造成的空气污染。

C_5噪声污染防治：主要考核是否采取措施避免游客大声喧哗、项目施工及机动车大声轰鸣等带来的噪声污染。

C_6植被破坏防治：主要考核是否采取措施避免游客随意采摘或践踏植被。

C_7人文环境破坏防治：主要考核是否避免建造与当地人文环境不协调的建筑设施；是否避免开发与本土民俗文化格格不入的商业性质过于浓厚的活动。

（二）B_2环境管理

环境管理是指休闲农业企业的内部环境管理情况，包括环保制度与政策、环保人员安排、环保项目与活动设计、环保设施设备投入 4 个指标。

C_8环保制度与政策：休闲农业企业是否建立满足其环境管理需要的相应规章制度及政策措施，包括环境风险管理制度、应急响应预案等。

C_9环保人员安排：休闲农业企业是否配备有专门的环保工作人员，包括卫生清洁人员与专业技术人员。

C_{10}环保项目与活动设计：休闲农业企业是否设计有环保项目与活动，如环保宣教项目、环保公益活动等。

C_{11}环保设施设备投入：休闲农业企业是否投入一定的资金用于环保设施设备的建设与维护。

（三）B_3 环境影响与效益

环境影响与效益是指休闲农业企业实施或不实施环境行为带来的影响与效益。主要包括经济效益、生态影响、社会影响 3 个指标。

C_{12} 经济效益：休闲农业企业实施或不实施环境行为为其旅游人次、旅游收入等经济指标带来的效益。

C_{13} 生态影响：休闲农业企业实施或不实施环境行为对生态环境质量的影响。

C_{14} 社会影响：休闲农业企业实施或不实施环境行为带来的环保社会声誉、环保表彰奖励、突发环境事件、环保违法与处罚、投诉与曝光等。

第二节　休闲农业企业环境行为评价指标的权重确定

一、指标权重确定的方法

（一）改进的层次分析法

层次分析法是目前学术界较为成熟的一种指标赋权方法董志文等（2022）。它能够把专家的经验和判断科学量化，从而解决较为复杂的决策问题，具有较强的系统性与实用性。因此，层次分析法自一提出就受到了学者们的广泛青睐。但是随着层次分析法的不断应用，有学者发现了传统的层次分析法存在一些缺陷。例如，1 ～ 9 标度不能准确反映指标之间的相对重要倍数；被调查者判断重要性标度差别时存在较大的主观性和盲目性等（郑益凯 等，2017；何鑫 等，2022）。由此，学者们尝试着对传统的层次分析法进行了一些改进，在标度的选择上提出了 9/9 ～ 9/1 标度、–1 ～ 1 标度、–2 ～ 2

标度、0 ～ 1 标度、0.1 ～ 0.9 标度等各种不同标度（吕跃进 等，2013；刘灿灿 等，2019）。在对这些标度进行比较分析之后，学者们普遍认为采用指数标度最好（葛杨 等，2020；高娟娟 等，2021）。而针对被调查者判断重要性标度差别时存在较大的主观性和盲目性等问题，也有学者尝试引入德尔菲法对指标比较的过程进行一定的改进，取得了较好的效果（王辉 等，2019；沈绮云 等，2021）。

　　基于以上分析，本书采用指数标度法对因素之间的相对重要性进行一一比较，其重要性程度及等级如表 6-2 所示。如果认为因子 1 和因子 2 同等重要，则取值为 a_0；如果认为因子 1 比因子 2 稍微重要，则取值为 a_1，以此类推。由于最早提出层次分析法的 Saaty 教授在数字上的判断极限为 9，因此计 $a_8=9$，则 $a_1=1.136$，由此给出指数标度的具体数值，如表 6-2 所示。

表 6-2　指数标度的相对重要性取值及其含义

重要程度		重要性等级
用指数表示	用数值表示	
a_0	1	i 与 j 相比，i 与 j 同等重要
a_1	1.316	i 与 j 相比，i 比 j 稍微重要
a_2	1.732	i 与 j 相比，i 比 j 重要
a_4	3	i 与 j 相比，i 比 j 明显重要
a_6	5.197	i 与 j 相比，i 比 j 强烈重要
a_8	9	i 与 j 相比，i 比 j 极端重要
a_3、a_5、a_7		以上一一比较的中值
a_{-n}		与 a_n 的含义相反。例如，a_{-2} 表示 i 与 j 相比，j 比 i 重要

　　该方法的数理分析过程：首先，通过对因素之间进行重要性程度的一一比较，构造判断矩阵，计算各判断矩阵对应的特征向量，特征向量正规化后所得的分向量 W_i 即为各个判断矩阵的权重值，也就是同层次因素相对于上一层次因素的权重值。计算公式为

$$W_i = \sqrt[m]{\prod_{j=1}^{n} u_{ij}} \Big/ \sum_{i=1}^{m} \sqrt[m]{\prod_{j=1}^{n} u_{ij}}$$

然后，通过检验系数 CR 进行判断矩阵的一致性检验。CR 小于 0.1 时可判定为通过一致性检验。其计算公式为：$CR = \dfrac{CI}{R}$，$CI = \dfrac{\lambda_{\max} - n}{n-1}$，$\lambda_{\max} = \dfrac{1}{n}\sum_{i=1}^{n}\dfrac{(AW)_i}{W_i}$。其中，$\lambda_{\max}$ 为各判断矩阵的最大特征根，CI 为一致性指标，RI 为平均一致性指标。RI 取值如表 6-3 所示。

表 6-3　RI 取值表

n	1	2	3	4	5	6	7	8	9	10	11	12	13
RI	0	0	0.36	0.58	0.72	0.82	0.88	0.93	0.97	0.99	1.01	1.03	1.04

最后，将指标层各指标相对于上一层指标的权重值乘以上一层指标的权重值，便得到其相对于总目标层的权重值。

（二）德尔菲法

本书引进德尔菲法对休闲农业企业环境行为评价因子进行一一比较，从而构造出较为满意的判断矩阵，为改进层次分析法的使用奠定良好的数据基础。德尔菲法又称专家征询法，其操作流程是专家通过各自的独立思考采用匿名发表意见的形式反馈意见，调查人员通过整理与统计，把调查结果反馈给各个专家，经过反复征询、归纳、修改，直至得到一致的意见为止。

二、指标权重的确定

向环境学、旅游学、农业学等学术界的相关专家及休闲农业企业的相关专家共发出专家征询问卷 35 份（问卷见附录 3 与附录 4）。经过两轮的专家意见征询，最终得到指标权重计算的原始数据。发放的 35 份问卷回收有效问卷 31 份，有效回收率达 88.57%。

研究通过对获取的有效数据进行处理与分析，最终所有数据均通过一致性检验，从而确定了各指标的权重值。各个判断矩阵的权向量及其一致性检验如表6-4、表6-7所示，各个指标的权重值及其位次如表6-8所示。

表6-4 A–B$_n$判断矩阵（n=1，2，3）

A	B$_1$	B$_2$	B$_3$	权向量	一致性检验
B$_1$	1.000	2.150	2.286	0.525	λ_{max}=3.002
B$_2$	0.465	1.000	1.186	0.253	CR=0.002 < 0.1
B$_3$	0.437	0.843	1.000	0.222	

表6-5 B$_1$–C$_n$判断矩阵（n=1，2，3，4，5，6，7）

B	C$_1$	C$_2$	C$_3$	C$_4$	C$_5$	C$_6$	C$_7$	权向量	一致性检验
C$_1$	1.000	0.886	1.022	0.952	1.645	1.345	1.491	0.159	
C$_2$	1.128	1.000	1.226	1.254	2.892	1.494	2.185	0.205	
C$_3$	0.979	0.816	1.000	1.160	1.718	1.299	1.537	0.162	λ_{max}=7.060
C$_4$	1.051	0.797	0.862	1.000	2.170	1.432	2.049	0.171	CR=0.011 < 0.1
C$_5$	0.608	0.346	0.582	0.461	1.000	1.122	0.986	0.092	
C$_6$	0.743	0.669	0.770	0.698	0.891	1.000	1.345	0.117	
C$_7$	0.671	0.458	0.651	0.488	1.014	0.744	1.000	0.095	

表6-6 B$_2$–C$_n$判断矩阵（n=8，9，10，11）

B	C$_8$	C$_9$	C$_{10}$	C$_{11}$	权向量	一致性检验
C$_8$	1.000	1.698	1.299	1.506	0.331	λ_{max}=4.018
C$_9$	0.589	1.000	1.047	1.341	0.234	CR=0.011 < 0.1
C$_{10}$	0.770	0.955	1.000	1.341	0.244	
C$_{11}$	0.664	0.746	0.746	1.000	0.191	

表6-7 B$_3$–C$_n$判断矩阵（n=12，13，14）

B	C$_{12}$	C$_{13}$	C$_{14}$	权向量	一致性检验
C$_{12}$	1.000	1.183	1.225	0.374	λ_{max}=3.010
C$_{13}$	0.845	1.000	1.404	0.350	CR=0.014 < 0.1
C$_{14}$	0.816	0.712	1.000	0.276	

表 6-8　各个指标的权重值及其位次

准则层	权重值	位次	指标层	权重值	位次
B_1 环境破坏及污染防治	0.525	1	C_1 固体废弃物污染防治	0.084	5
			C_2 水体污染防治	0.107	1
			C_3 土壤污染防治	0.085	3
			C_4 空气污染防治	0.090	2
			C_5 噪声污染防治	0.048	13
			C_6 植被破坏防治	0.061	9
			C_7 人文环境破坏防治	0.050	12
B_2 环境管理	0.253	2	C_8 环保制度与政策	0.084	4
			C_9 环保人员安排	0.059	11
			C_10 环保项目与活动设计	0.062	8
			C_11 环保设施设备投入	0.048	14
B_3 环境影响与效益	0.222	3	C_12 经济效益	0.083	6
			C_13 生态影响	0.078	7
			C_14 社会影响	0.061	10

如表 6-8 所示的数据,不难得出以下结论。

从准则层来看,环境破坏及污染防治的权重最高,占比 52.5%,这说明环境破坏及污染防治在环境行为管理中是非常重要的;环境管理、环境影响与效益的权重占比较为接近,分别为 25.3%、22.2%。

从指标层来看,①水体污染防治的权重值最高,为 0.107,是所有指标中唯一一个指标权重值超过 0.1 的,这表明在对休闲农业企业环境行为进行评价时,水体污染防治是至关重要的,应引起休闲农业企业的高度重视;②权重值介于 0.080 与 0.100 之间的指标按照权重值从大到小排序依次为空气污染防治、土壤污染防治、环保制度与政策、固体废弃物污染防治、经济效益,这些指标总共占比 42.6%,是比较重要的指标;③权重值 0.060 与 0.080 之间的指标按照权重值从大到小排序依次为生态影响、环保项目与活动设计、植被破坏防治、社会影响,这些指标总共占比 26.2%,也是比较关键的指标之一;

④权重值低于 0.060 的指标包括环保人员安排、人文环境破坏防治、噪声污染防治、环保设施设备投入，这些权重值相对较低的指标也占了 20.5% 的比重，在对休闲农业企业环境行为进行评价时，它们也是不可忽略的。

第三节　休闲农业企业环境行为评价指标的评分方法与评分标准

一、评分方法

固体废弃物污染防治的评分是在实地调研及企业访谈的基础上，按照评分标准直接打分；其余指标评分则是在实地调研及企业访谈的基础上，通过专家咨询打分。

二、评分标准

对休闲农业企业环境行为进行评价时，需要有一套具体的评分标准，使得评价过程更为科学、合理、可行。采用模糊数学五分制记分法给出具体的评分标准，如表 6-9 所示。

表 6-9　休闲农业企业环境行为评价的计分标准

指标	分值				
	81～100	61～80	41～60	21～40	0～20
C_1 固体废弃物污染防治	固体废物处理处置率在 95% 以上（含 95%）	固体废弃物处理处置率为 85%（含 85%）～95%。	固体废物处理处置率为 75%（含 75%）～85%	固体废物处理处置率为 65%（含 65%）～75%	固体废物处理处置率低于 65%
C_2 水体污染防治	水体污染防治措施完善	水体污染防治措施较为完善	水体污染防治措施一般	水体污染防治措施不太完善	水体污染防治措施很不完善或者没有

续表

指标	分值				
	81～100	61～80	41～60	21～40	0～20
C_3 土壤污染防治	土壤污染防治措施完善	土壤污染防治措施较为完善	土壤污染防治措施一般	土壤污染防治措施不太完善	土壤污染防治措施很不完善或者没有
C_4 空气污染防治	空气污染防治措施完善	空气污染防治措施较为完善	空气污染防治措施一般	空气污染防治措施不太完善	空气污染防治措施很不完善或者没有
C_5 噪声污染防治	噪声污染防治措施完善	噪声污染防治措施较为完善	噪声污染防治措施一般	噪声污染防治措施不太完善	噪声污染防治措施很不完善或者没有
C_6 植被破坏防治	植被破坏防治措施完善	植被破坏防治措施较为完善	植被破坏防治措施一般	植被破坏防治措施不太完善	植被破坏防治措施很不完善或者没有
C_7 人文环境破坏防治	人文环境破坏防治措施完善	人文环境破坏防治措施较为完善	人文环境破坏防治措施一般	人文环境破坏防治措施不太完善	人文环境破坏防治措施很不完善或者没有
C_8 环保制度与政策	休闲农业企业制定了完善的规章制度及政策措施	休闲农业企业制定了较为完善的规章制度及政策措施	休闲农业企业制定了一定的规章制度及政策措施	休闲农业企业制定了不太完善的规章制度及政策措施	休闲农业企业没有制定或者制定了很不完善的规章制度及政策措施
C_9 环保人员安排	休闲农业企业配备的卫生清洁人员与专业技术人员数量充足	休闲农业企业配备的卫生清洁人员与专业技术人员数量较为充足	休闲农业企业配备的卫生清洁人员与专业技术人员数量够用	休闲农业企业配备的卫生清洁人员与专业技术人员数量较为不足	休闲农业企业配备的卫生清洁人员与专业技术人员数量不足
C_{10} 环保项目与活动设计	休闲农业企业设有的环保项目与活动丰富	休闲农业企业设有的环保项目与活动较为丰富	休闲农业企业设有一定的环保项目与活动	休闲农业企业设有的环保项目与活动不太丰富	休闲农业企业没有或者仅设有少量的环保项目与活动
C_{11} 环保设施设备投入	休闲农业企业重视环保设施设备的建设与维护	休闲农业企业较为重视环保设施设备的建设与维护	休闲农业企业对环保设施设备建设与维护的重视程度一般	休闲农业企业不太重视环保设施设备的建设与维护	休闲农业企业很不重视环保设施设备的建设与维护
C_{12} 经济效益	休闲农业企业环境行为的实施很大程度地促进了其经济发展	休闲农业企业环境行为的实施较大程度地促进了其经济发展	休闲农业企业环境行为的实施在一定程度上促进了其经济发展	休闲农业企业环境行为的实施对其经济发展的影响较小	休闲农业企业环境行为的实施对其经济发展基本上没什么影响

指标	分值				
	81 ～ 100	61 ～ 80	41 ～ 60	21 ～ 40	0 ～ 20
C_{13} 生态影响	休闲农业企业环境行为的实施产生了良好的生态影响	休闲农业企业环境行为的实施产生了较为良好的生态影响	休闲农业企业环境行为的实施产生了一定的生态影响	休闲农业企业环境行为的实施产生的生态影响较小	休闲农业企业环境行为的实施基本上没什么生态影响
C_{14} 社会影响	休闲农业企业环境行为的实施产生了良好的社会影响	休闲农业企业环境行为的实施产生了较为良好的社会影响	休闲农业企业环境行为的实施产生了一定的社会影响	休闲农业企业环境行为的实施产生的社会影响较小	休闲农业企业环境行为的实施基本上没什么社会影响

第七章　休闲农业企业环境行为评价的实证研究

第一节　案例企业的选择

选取 A 企业、B 企业、C 企业为研究对象，并通过对这 3 家休闲农业企业的环境行为进行评价，对评价结果进行差异性对比分析，以期为促进案例企业环境行为的实施提供参考建议。

具体来说，选择以上 3 家企业作为案例对象的主要理由如下。

第一，以上 3 家企业都属于休闲农业企业，这是选择案例对象应遵从的首要条件。

第二，在地域的选择上互不相同，A 企业位于漳州市长泰县，B 企业位于南平市邵武市，C 企业位于福州市连江县，体现所构建的休闲农业企业环境行为评价体系的广泛适应性。

第三，在类型的选择上互不相同，A 企业以花卉资源为主，B 企业以中草药资源为主，C 企业以林木资源为主。研究选择类型差异性明显的休闲农业企业作为案例对象，以便对评价结果进行比较，验证所构建的休闲农业企业环境行为评价体系的科学性。

第四，这 3 家企业都已有一定的开发规模，以其为案例对象进行实证研究及对比分析，所得到的结果具有一定的可比性。

第二节　案例企业发展概况

一、A 企业

A 企业地处漳州市长泰区与厦门市集美区灌口交界处，位于海拔 917m 的仙灵旗山上，坐拥 11 000 亩（约为 7 333 333 m²）山林绿地，负氧离子含量每立方厘米高达 12 000 个。距厦门市约 45 min 车程，交通方便，区域位置优越。因其地处厦漳泉地理中心及闽南金三角旅游经济圈，四面环山，环境优美，被政府定为都市休闲区。2016 年 12 月，被评为国家 4A 级旅游景区，也是长泰首个 4A 级旅游景区。除此之外，它还是"福建省特色文艺示范基地（摄影类）""厦门文学院创作基地""漳州市摄影家协会创作基地"。

A 企业以花海寻梦为主题，配套有蓝山公馆酒店、玛琪雅朵餐厅等，四季景观丰富，有彩虹花带、桃花源、玛琪雅朵湿地公园、水岸樱花、茶梅梯田、红叶幽谷等特色景观。娱乐设施多样，有彩虹滑道、雨林水漂、高空溜索、卡丁车、玻璃旱滑、游船等项目。

玛琪雅朵花海中的"玛琪雅朵"取自意大利最美丽高贵的一种鲜花名称，意寓美丽、淳朴。该花海占地 12 000 m²，分草花片区、油菜花区、灌木区、乔木区、三角梅园区等多区种植。花草种类丰富，四季常有长春花、一串红、美人蕉、矮牵牛、三角梅、醉蝶花、红继木、孔雀草、紫薇、四季海棠、香樟、石竹等花草。花海依山势地形而建，配合四季节令穿插种植各类花种，处处有花，四季皆景。清新浪漫的景致，吸引四方游客前来观赏。尤其是景区中的彩虹花带，占地 20 亩（约为 13 334 m²），总长 520 m，花带垄数达 30

垄,整体呈"扇形"状,五彩缤纷,层次分明,各色花朵争奇斗艳,花香四溢,是景区中的最佳打卡点。玛琪雅朵湿地建有玛琪雅朵餐厅、观赏水域、白鹭亭、生态游步道等,水域内有多样水草、莲花、放生鱼群等,游客茶余饭后可在湿地内散步,与鱼嬉玩,坐赏白鹭横飞。玛琪雅朵餐厅占地约达1 000 m²,可同时容纳近 350 人用餐。餐厅还主营以"花"为食材的系列特色餐饮,使游客置身花海,赏花、鉴花、品花三重感受花之色香味。

二、B 企业

B 企业位于南平市邵武市城郊镇朱山村张家坊,建设规模 1 000 亩(约为666 700 m²),是以中药材为主导产业的休闲农业园区,国家 AA 级旅游景区,被国家科技部认定为第一批国家级科技特派员创业基地、第七批国家农业科技园区,也是南平市首个国家级农业科技园区。

该园区以中医药文化为底蕴,以科技特派员为纽带,将气雾栽培、水植、无菌栽培等现代农业技术利用到温室大棚、田间、林下、庭院等产业经济发展模块中,建成多花黄精、芦荟、灵芝、三叶青等特色中药材品种高标准育种基地及大田、林下和大棚中药材规范化栽培示范基地,拥有标本制作、养生香囊、中药材保健茶、养生膏方、中药炮制、药膳品鉴、颈肩康复保健、四季瑜伽、精油芳香美容、书法养生、绘画养生、操舞养生、导引术、艾灸、刮痧、推拿、拔罐、养生盆栽制作等健康旅游养生项目,寓科于游,寓教于游,寓乐于游,充分展示中医药文明的风采与魅力,是一个集观光、饮食、养生、销售等功能为一体的综合性现代农业科技观光园区。B 企业建设主题是突出中医药产业特色,发展庭院经济特色产业,融合中医药养生文化,传承中药炮制、中药酿酒、中药花卉、中药种植、药膳制作等农耕文化,增强中医药特色农业产业竞争力。

三、C 企业

C 企业位于福州市连江县琯头镇寨洋村，地处闽江入海口半山，拥有一线江景，毗邻乌猪港，与粗芦岛隔岸相望，可近看闽江口沿岸风光，远眺马祖列岛。农庄交通便利，山下便有高速出入口，离福州市区仅需 45 min 车程。农庄面积约 610 亩（约为 406 687 m^2），于 2011 年开始建设，早期是做生态养殖，以养殖鸡鸭羊为主。2014 年，农庄开始转变生产经营方式，走休闲农业的发展路线。农庄内种植丹桂、四季桂 1 000 余株，赤丹、香茶、樱花、紫薇、菩提树、黄金柳等 1 500 余株，玉兰、含笑、栀子花等 3 000 余株，保持着良好的生态景观。建有森林康养民宿、特色餐饮、烧烤文化园区、闽江口历史文化展厅、会议中心、山泉泳池、景观茶室、烧烤雅舍庭院、餐饮包厢、棋牌室、星空宿营地、溪道果园等配套设施和项目，是一座融生态、农业、休闲、旅游、养生为一体的休闲农业度假山庄，被评为福建省休闲农业示范点、福建省森林人家示范点、福建省三星级乡村旅游经营单位。

第三节　研究结果分析

根据表 6-2 的评分方法，C_1 固体废弃物污染防治按照评分标准直接打分，$C_2 \sim C_{14}$ 均通过专家咨询打分。共发放 30 份专家调查问卷（详见附录 5），回收 27 份有效问卷，有效回收率达 90%。

一、A 企业评价结果

根据以上研究方法，对 A 企业的评价结果如表 7-1 所示。

表 7-1　A 企业评价结果

目标层	得分	准则层	得分	指标层	评分	权重值	得分
休闲农业企业环境行为评价	79.134	B_1 环境破坏及污染防治	42.021	C_1 固体废弃物污染防治	93	0.084	7.812
				C_2 水体污染防治	70	0.107	7.490
				C_3 土壤污染防治	76	0.085	6.460
				C_4 空气污染防治	90	0.090	8.100
				C_5 噪声污染防治	85	0.048	4.080
				C_6 植被破坏防治	89	0.061	5.429
				C_7 人文环境破坏防治	53	0.050	2.650
		B_2 环境管理	17.904	C_8 环保制度与政策	95	0.084	7.980
				C_9 环保人员安排	92	0.059	5.428
				C_{10} 环保项目与活动设计	16	0.062	0.992
				C_{11} 环保设施设备投入	73	0.048	3.504
		B_3 环境影响与效益	19.209	C_{12} 经济效益	83	0.083	6.889
				C_{13} 生态影响	86	0.078	6.708
				C_{14} 社会影响	92	0.061	5.612

如表 7-1 所示，可以看出 A 企业的固体废弃物污染防治、空气污染防治、噪声污染防治、植被破坏防治、环保制度与政策、环保人员安排、经济效益、生态影响、社会影响等指标值均在 80 分以上，说明 A 企业制定了完善的环保制度与政策，重视对固体废弃物、空气及噪声污染的防治与植被破坏防治，能够合理妥善地安排环保人员的各项工作，通过其环境行为的实施很大程度地促进了其经济发展，同时也产生了非常好的生态影响及社会影响。究其行为表现，A 企业是 4A 级旅游景区，由于 A 级旅游景区的评定要求，其在景区政策的制定上涵括了环保方面的制度与政策；该景区设有专门的垃圾集中站，其垃圾处理方式是付费给村里负责垃圾转运的公司，让他们统一收走垃圾；景区装有空气检测仪，可以动态监测景区的空气质量；为了减少

空气污染，景区规定外来车辆一律不得进入景区内部，同时景区配有电瓶车方便游客观光游览；景区拥有一支 15 人左右的环保清洁队伍，有负责园林技术、排污工程设计等方面的专家队伍；关于环保的社会声誉较好，没有发生过突发环境事件，没有出现过环保违法与处罚行为，也没有遭遇过投诉与曝光。

指标评分在 60 ～ 80 分之间的指标包括水体污染防治、土壤污染防治、环保设施设备投入，这说明 A 企业在水体与土壤污染防治上花了一定的心思，投入了一定的经费用于环保设施设备的建设与维护。究其行为表现，景区对于鱼池的水发黄发臭的现象，通常采用小成本的撒石灰方式来改善鱼池的水质；景区采用轮种的形式提升土壤肥力；施有机肥，减少土壤污染；要求周边工程建设尽量错开游客游览的高峰期；设有关于环境保护的解说牌，温馨提示游客注意保护环境；对于死掉的鱼，及时打捞；安排巡查人员对景区进行巡查，对于游客的不文明行为进行劝导；投入一定的资金用于环保设施设备的建设与维护，主要涉及空气检测仪、声音检测仪、保洁工具、环保解说牌、垃圾桶、旅游厕所等。

指标评分低于 60 分的包括人文环境破坏防治及环保项目与活动设计，这说明 A 企业在这两方面的管理还需进一步完善。具体表现为 A 企业高楼大厦的建筑风格与当地的本土人文不是很契合；一般作为承接单位，被动配合相关政府部门举行环保活动，本身较少主动开发环保项目。

二、B 企业评价结果

根据以上研究方法，对 B 企业的评价结果如表 7-2 所示。

表 7-2　B 企业评价结果

目标层	得分	准则层	得分	指标层	评分	权重值	得分
休闲农业企业环境行为评价	71.977	B_1 环境破坏及污染防治	41.875	C_1 固体废弃物污染防治	94	0.084	7.896
				C_2 水体污染防治	63	0.107	6.741
				C_3 土壤污染防治	78	0.085	6.630
				C_4 空气污染防治	85	0.090	7.650
				C_5 噪声污染防治	91	0.048	4.368
				C_6 植被破坏防治	90	0.061	5.490
				C_7 人文环境破坏防治	62	0.050	3.100
		B_2 环境管理	14.916	C_8 环保制度与政策	86	0.084	7.224
				C_9 环保人员安排	82	0.059	4.838
				C_{10} 环保项目与活动设计	5	0.062	0.310
				C_{11} 环保设施设备投入	53	0.048	2.544
		B_3 环境影响与效益	15.186	C_{12} 经济效益	65	0.083	5.395
				C_{13} 生态影响	70	0.078	5.460
				C_{14} 社会影响	71	0.061	4.331

　　如表 7-2 所示，可以看出 B 企业的固体废弃物污染防治、噪声污染防治、空气污染防治、植被破坏防治、环保制度与政策、环保人员安排等指标值均在 80 分以上，说明 B 企业重视对固体废弃物、噪声及空气污染与植被破坏的防治，制定了完善的环保制度与政策，配备了数量充足的环保人员。究其行为表现，该景区设有专门的垃圾集中站，对于可回收的垃圾会统一回收作为废品贩卖出去，对于其余垃圾则依托村里的垃圾处理站进行统一处理；因该景区以农业科普、研学旅游为主，休闲娱乐的活动较少，空气污染及噪声污染问题不大；景区设有关于环境保护的解说牌，温馨提示游客注意保护环境；配有生态导游，在讲解的过程中会穿插进行生态解说，因而防止植被被破坏的效果较好；由于该景区是 2A 级旅游景区，因此在景区政策的制定上，又

涵括了环保方面的制度与政策；景区有两个保洁员负责园区的卫生清扫工作，人员数量充足。

指标评分在 60 ～ 80 分之间的指标包括水体污染防治、土壤污染防治、人文环境破坏防治、经济效益、生态影响、社会影响，这说明 B 企业在水体及土壤污染防治与人文环境破坏防治上花了一定的心思，通过其环境行为的实施在一定程度上促进了其经济发展，同时也产生了较为良好的生态影响及社会影响。究其行为表现，景区厨余污水及旅游公厕废水均直接排入化粪池；农药从源头开始控制，只使用高效低毒性农药和无毒无公害的生物农药；种植各种具有修复土壤肥力的植物，改良土壤；关于环保的社会声誉较好，没有发生过突发环境事件，没有出现过环保违法与处罚行为，也没有遭遇过投诉与曝光。

指标评分低于 60 分的指标包括环保设施设备投入、环保项目与活动设计，这说明 B 企业在这两方面的管理还需进一步完善。具体表现为 B 企业用于环保设施设备建设与维护的资金较少，主要涉及保洁工具、垃圾桶、旅游厕所等；没有专门的环保项目。

三、C 企业评价结果

根据以上研究方法，对 C 企业的评价结果如表 7–3 所示。

表 7-3　C 企业评价结果

目标层	得分	准则层	得分	指标层	评分	权重值	得分
休闲农业企业环境行为评价	69.842	B_1 环境破坏及污染防治	40.295	C_1 固体废弃物污染防治	91	0.084	7.644
				C_2 水体污染防治	62	0.107	6.634
				C_3 土壤污染防治	76	0.085	6.460
				C_4 空气污染防治	77	0.090	6.930
				C_5 噪声污染防治	90	0.048	4.320
				C_6 植被破坏防治	87	0.061	5.307
				C_7 人文环境破坏防治	60	0.050	3.000
		B_2 环境管理	10.287	C_8 环保制度与政策	16	0.084	1.344
				C_9 环保人员安排	87	0.059	5.133
				C_{10} 环保项目与活动设计	15	0.062	0.930
				C_{11} 环保设施设备投入	60	0.048	2.880
		B_3 环境影响与效益	19.260	C_{12} 经济效益	87	0.083	7.221
				C_{13} 生态影响	91	0.078	7.098
				C_{14} 社会影响	81	0.061	4.941

如表 7-3 所示，可以看出 C 企业的固体废弃物污染防治、噪声污染防治、植被破坏防治、环保人员安排、经济效益、生态影响、社会影响等指标值均在 80 分以上，说明 C 企业较为重视对固体废弃物及噪声污染的防治与植被破坏防治，配备的环保人员数量充足，通过其环境行为的实施产生了良好的经济效益、生态影响及社会影响。究其行为表现，C 企业早期使用堆肥、填埋的方式处理垃圾，发现这样做反而不利于果树的生长。后期改为与环保公司合作，每个月付费，定点回收；因其走精致化的线路，游客规模不是很大，噪声污染问题较小；园区设有关于环境保护的解说牌，温馨提示游客注意保护环境；有 4 个保洁员负责园区的卫生清扫工作，人员数量充足；园区早期养鸡鸭，会散发恶臭气味，对地表植被的破坏较为严重，但其后期转型做休

闲农业，大量减少鸡鸭的喂养数量，环境得到改善，反而大幅提升了经济效益；关于环保的社会声誉较好，没有发生过突发环境事件，没有出现过环保违法与处罚行为，也没有遭遇过投诉与曝光。

指标评分在 60 ～ 80 分之间的指标包括水体污染防治、土壤污染防治、空气污染防治、人文环境破坏防治、环保设施设备投入，这说明 C 企业在水体、土壤及空气污染防治与人文环境破坏防治上花了一定的心思，投入了一定的经费用于环保设施设备的建设与维护。究其行为表现，由于没有市政污水管网，园区内的生活污水经过过滤池进行三层过滤，然后通过内部排水沟排入果园，就地渗入；园区烧烤会产生一定的油烟，但是总体影响不大；配套的休闲娱乐用房与周边的生态环境较为契合，但与当地的本土文化融合度不够；用于环保设施设备建设与维护的资金较少，主要涉及保洁工具、环保解说牌、垃圾桶、旅游厕所等。

指标评分低于 60 分的指标包括环保制度与政策、环保项目与活动设计，这说明 C 企业在这两方面的管理还需进一步完善。具体表现为 C 企业没有制定专门的环保制度与政策；较少开发环保项目，一般是作为承接单位，配合相关政府部门举行环保活动。

四、三大案例企业环境行为评价结果的比较分析

本研究将 A 企业、B 企业、C 企业的环境行为评价结果绘制成表格以方便对其结果进行分析。

从准则层来看，如表 7-4 所示，可以看出在环境破坏及污染防治、环境管理与总分上，三家企业的得分排序从大到小依次为 A 企业、B 企业、C 企业；在环境影响与效益上，三家企业的得分排序从大到小依次为 C 企业、A 企业、B 企业。这与三家企业的发展规模、旅游定位等息息相关。A 企业是 4A 级旅游景区，景区发展得较为成熟，游客量较大，总体上较为重视环境行为的实

施；B 企业是 2A 级旅游景区，处于起步发展阶段，对于环境行为实施的重视程度还不太够；C 企业还处于边建设边运营阶段，总体规模较小，游客承载量也较小，对环境行为实施的重视程度有待提升。因 C 企业在转型前是鸡鸭养殖场，转型后做休闲农业，采取了一定的措施保护了生态环境，因而其环境影响与效益的总体得分较高。

表 7-4　三大案例企业环境行为准则层评价的结果比较

准则层	A 企业	B 企业	C 企业
环境破坏及污染防治	42.021	41.875	40.295
环境管理	17.904	14.916	10.287
环境影响与效益	19.209	15.186	19.260
总计	79.134	71.977	69.842

从准则层来看，如表 7-5 所示，可以看出在固体废弃物污染防治、土壤污染防治、噪声污染防治、植被破坏防治、人文环境破坏防治等指标上，B 企业的指标得分最高；在水体污染防治、空气污染防治、环保制度与政策、环保人员安排、环保项目与活动设计、环保设施设备投入、社会影响等指标上，A 企业的指标得分最高；在经济效益、生态影响两个指标上，C 企业的指标得分最高。总体上，除了空气污染防治、环保制度与政策两个指标，三家案例企业各指标的得分差异不是很大；得分最低的指标是环保项目与活动设计，说明三家案例企业对环保项目与活动设计的重视程度有待提高。

表 7-5　三大案例企业环境行为指标层评价的结果比较

指标层	A 企业	B 企业	C 企业
固体废弃物污染防治	93	94	91
水体污染防治	70	63	62
土壤污染防治	76	78	76
空气污染防治	90	85	77
噪声污染防治	85	91	90

续表

指标层	A 企业	B 企业	C 企业
植被破坏防治	89	90	87
人文环境破坏防治	53	62	60
环保制度与政策	95	86	16
环保人员安排	92	82	87
环保项目与活动设计	16	5	15
环保设施设备投入	73	53	60
经济效益	83	65	87
生态影响	86	70	91
社会影响	92	71	81

第四节　研究启示

一、提升自然生态环境水平

第一，加强固体废弃物污染控制。固体废弃物是休闲农业点最常见的一种环境污染源。调研的三家企业均采取了一定的措施进行防治，均在主要景点及游客集中的地段设置固体垃圾回收点；建立专门的环卫队伍，实行岗位责任制，及时清扫垃圾并给垃圾进行分类，实现垃圾日产日清。C 企业还主动放弃了大规模的禽畜养殖，推进了生态健康养殖，对养殖污染物实行减量化、资源化、无害化治理，做到主要游览区无牲畜粪便。这些措施有效提升了生态环境质量。值得一提的是，休闲农业企业不仅要设置垃圾桶，设置的垃圾桶还要做到数量够用、造型美观，需在游客集中活动场所及游步道沿线设立数量足够的垃圾桶，每隔 150 m ～ 250 m 设置一个垃圾桶；垃圾桶的形状可根据场地的环境条件设计成各种树桩、动物、竹、蘑菇等形状，外观造型与环境相协调。此外，休闲农业点对农业废弃物能回收利用的应尽量实现二次利用，无毒无害的就地、就近处理，有毒有害的集中转运到固体废物处理中心处理。

第二，采取积极措施防治水体污染。通过对三家企业的访谈及调研，研究发现水体污染防治较为困难，尽管他们采取了一定的措施进行预防及治理，但成效不是很好。有的企业在水体没有散发恶臭气味或游客意见不是很大的情况下，只能听之任之。就算有处理，也是采取较为简单经济的处理方式。为了更好地预防及治理水体污染，休闲农业企业应严禁水体上游建设污染性项目，严格控制水源附近相关设施的建设及植被砍伐；完善污水处理工程，铺设污水管道，污水处理采用三级处理，所有污水截流，统一排放至污水处理站，经过净化处理达标后再排放至农田等指定地点，严禁排入水体中；排水体制采用雨污分流制，产生污水的区域安排独立的污水收集系统，雨水则就地排除，随地形以无组织自流的方式排入附近水体；对开发地块设置植被缓冲带、绿廊、花苑等水体涵养设施，防止水土流失，增强地表水的防污染能力及水体自净能力；严禁将纸屑、果皮、塑料袋、食品等垃圾、杂物丢入溪河之中，在公路及游道沿线设立环境保护温馨提示；各主要游览点应设置生态厕所，采用沼气式化粪池等生态型公厕；改用轻污染、无污染的肥皂、洗发水等洗涤用品，减少因使用洗涤用品造成的水质污染。

第三，加大土壤污染防治力度。调研的企业均采用轮种的形式提升土壤肥力；种植各种具有修复土壤肥力的植物，改良土壤；采用有机肥进行施肥，只使用高效低毒农药和无毒无公害的生物农药，同时尽量减少农药的施用量。C企业采用生物防治病虫害的手段，利用益鸟、益虫和某些病原微生物，经济、有效又安全，这是一个很好的防治手段。除此之外，休闲农业企业还应对各种污染源排放进行浓度和总量控制；对农业用水进行经常性监测、监督，使之符合农田灌溉水质标准；可改种某些非食用的纤维作物、花卉、林木等植物或一些吸收重金属能力强的植物，利用植物吸收改善土壤污染；积极推广使用农残降解微生物菌剂，减少农药残留量。

第四，加强大气环境的保护。调研的三家企业均严格禁止建设可能对空气造成污染的项目；接待设施均使用液化气、水电、太阳能等高效、清洁的优质能源。这些都是很好的管理经验。除此之外，休闲农业企业还可在主要公路沿线及停车场两边种植能吸收有害气体及净化空气的绿色树种，扩大绿化面积，净化空气；应推广使用环保电瓶车、绿色巴士、自行车等绿色交通工具，严格控制机动车流量；禁止焚烧农作物秸秆，鼓励"秸秆还田"。

第五，加强噪声控制。调研的三家企业噪声污染问题均不大，有的企业会组织人员进行日常巡逻，对于产生噪声污染的行为及时劝阻；有的企业严格控制进入休闲农业点内的车辆，禁止鸣笛。此外，休闲农业企业还可在游客接待中心及其他噪声可能超标的区域，种植绿化隔离带，结合声学处理方法，如隔声、吸气、隔振和阻尼等来降低噪声，标本兼治；可根据需要配置噪声监测仪，对噪声污染进行动态检查。

第六，重视植被资源的保护。调研中发现三家企业均是合理利用现有的植被资源，对于景观影响不大的野生植物资源，他们都尽量给予保留；游步道两旁也以保持自然原生状态为主，让游客漫步其中，更多的是感受到一种野趣；旅游设施用地周围地块会适当补种观赏性植物；坚决打击乱砍滥伐的违法活动。这些都是值得其他休闲农业企业学习和借鉴的。除此之外，休闲农业企业还应严禁对山体进行肆意挖掘，避免因盲目开发建设而引起滑坡、崩塌、泥石流等地质灾害；如有因公路及服务设施建筑不得不开挖山体的地段，则必须采取一定的生态恢复和保护措施；加强山体的绿化建设，保持山体风貌的整体性和观赏性；充分利用现有自然条件，突出自然、乡土原则，大力推进水旁、路旁、庭院、建筑用房、公共活动空间等的绿化特色，减少地表裸露点的出现；有暴露的地面可以种植草皮覆盖，建筑物墙体可以种植爬山虎等攀缘植物，使其与周边环境相宜；对于名木古树设立围栏进行重点保护，防止游客的刻画、攀爬等行为损害树木。

二、提升人文生态环境氛围

调研中发现有的休闲农业企业建筑设施与周边的生态环境不是很协调，对于本土特色文化的融入较少，特色不明显，对于游客的吸引力不是很强。为了更好地提升休闲农业点的文化品位，营造良好的人文环境氛围，休闲农业企业首先应结合所在乡镇或村落的房屋建筑特色及整体发展定位对休闲农业点的房屋整体景观进行整治与改造，主要包括房屋的立面外观装饰、本土文化元素的增设、周边景观小品的配置等。整治之后的景观应与所在村落的其他景观相互映衬，相互协调，形成一个有机整体。其次，休闲农业企业应充分挖掘本土文化内涵，分门别类收集整理当地历史文化、民风民俗及民间艺术等文化资源，并将其融入旅游产品开发中，使其成为旅游产品的组成部分，这样既可大幅提高游客的兴趣，同时也可提高休闲农业点人文环境氛围。

三、加强环保费用投入，重视环保项目与活动设计

调研的三家休闲农业企业均安排了环保人员进行环境的清洁，投入了一定的经费用于环保设施设备的建设与维护，但是大多局限于保洁工具、环保解说牌、垃圾桶、旅游厕所等；有两家均是作为承接单位，被动配合相关政府部门举行环保活动，本身较少主动开发环保项目，另外一家没有开发环保旅游项目；有两家属于 A 级旅游景区，鉴于 A 级旅游景区的评定要求，他们均制定了一定的环保制度与政策，另外一家不属于 A 级旅游景区，便没有制定环保制度与政策。总体来说，这三家休闲农业企业在环境管理上均花费了一定的心思，但环境管理水平有待提升。①休闲农业企业还应加强环保费用投入，加强环境卫生硬件设施的建设与改造。例如，旅游厕所应按生态环保

厕所的标准进行规划，厕所建设应做到布局合理，数量能满足需要，外观新颖美观，与周边环境和建筑相协调；所有厕所具备水冲、盥洗及通风设备并保持完好；厕所周边可摆放盆景、盆花或其他装饰品；有专人管理，保证洁具洁净、无污垢、无堵塞，厕所无臭味、无蚊蝇、无蛆虫、无随地大小便，室内整洁，有文化氛围。垃圾箱应布局合理，标识明显，数量能满足需要，造型美观独特，与环境相协调；分类设置，清扫及时，日产日清。②休闲农业企业应制定游客文明旅游行为公约，引导游客遵守公共秩序，爱惜公共设施，保持环境卫生，保护生态环境；若休闲农业点配有导游或者解说员，则应充分发挥他们的引导和监督作用；建立的环保解说牌应配置有亲和力的标志性说明文字及提醒文字，能够达到让游客自觉维护旅游环境的目的。③休闲农业企业应建立方便游客反映问题的渠道，如游客意见箱、意见簿等，便于游客及时发泄不满情绪，同时休闲农业企业要切实行动起来，不能把这些渠道作为纸面工程，不理不睬，对于游客的合理建议和意见要及时进行整改。④休闲农业企业除了配合相关政府部门举行环保活动，本身也可以主动开展保护环境与文明旅游的志愿服务活动，如到社区进行文明旅游的宣传，助力社会营造文明和谐的旅游氛围；设计游客文明旅游的奖励活动，如为游客发放垃圾袋，游客捡到一定量的垃圾则给予一定的积分奖励，积分可以用于换取现金、纪念品、门票等，调动游客实行文明旅游行为的积极性。⑤休闲农业企业还可以开展环保知识竞赛、设计环保主题景观小品、设计体验性较强的环保 DIY 项目等，通过系列环保项目与活动的设计，让游客身临其境地感受生态环保的魅力，从而自觉保护生态环境。

第八章 休闲农业企业环境行为管理路径研究

从前文对休闲农业企业环境行为的演化博弈分析中可以看出要促使休闲农业企业实施环境行为就必须加大政府监管力度、给予社区居民合理的利益分配；从前文对休闲农业企业环境行为形成机理的理论与实证研究中可以看出目前休闲农业企业的四大类环境行为形成受内外部驱动因素影响不均。要有效进行休闲农业企业环境行为管理就必须有效整合各种驱动力量，将环境规制与利益相关者压力两种外部驱动力量转化为休闲农业企业的内部驱动力量，促使休闲农业企业实施环境行为；从前文对休闲农业企业环境行为评价指标体系构建及其实证研究中可以看出休闲农业企业需提升自然生态环境水平、提升人文生态环境氛围、加大环保费用投入、重视环保项目与活动设计。由此，本书接下来将从政府、利益相关者、休闲农业企业三个层面提出休闲农业企业环境行为的管理路径，为促使休闲农业企业环境行为实施提供参考。

第一节 政府层面的管理路径

一、健全休闲农业环境管理的法律法规体系

健全的法律法规体系是促使休闲农业企业实施环境行为的基本保障。只有不断加强休闲农业环境管理的法律法规体系建设，才能使利益相关者享有

环境知情权、环境参与权、环境评价权、环境监督权等各种应有的环境权益，使得休闲农业环境保护有法可依、有章可循。

健全的法律法规体系应当包括与休闲农业环境管理相关的各种法律、法规、规章、制度、规范、标准等。目前我国关于环境保护的相关法律法规体系主要包括《中华人民共和国环境保护法》《中华人民共和国环境影响评估法》《环境保护条例》《基本农田保护条例》《中华人民共和国土地管理法》《中华人民共和国水污染防治法》《中华人民共和国噪声污染防治法》《中华人民共和国海洋环境保护法》《国家突发环境事件应急预案》《关于落实科学发展观加强环境保护的决定》（国发〔2005〕39号）、《关于企业环境信息公开的公告》等，关于旅游环境保护的相关法律法规体系还包括《中华人民共和国旅游法》《国家生态旅游示范区管理暂行办法》（国发〔2001〕9号文件）、《国家生态旅游示范区建设与运营规范》《旅游景区质量等级评定管理办法》《风景名胜区管理条例》《中华人民共和国自然保护区条例》《旅游厕所质量等级的划分与评定》（GB/T 18973—2016）等。这些法律法规体系虽然均提到应当进行生态环境保护，对休闲农业企业环境行为实施能起到一定的宏观指导作用，但是仍缺乏能够直接促进休闲农业企业环境行为实施的具体准则，对于休闲农业企业环境责任的要求并不明确，再加上休闲农业环境管理的政府部门出现权利和职责交叉的困境、法律法规体系存在制定容易而执行与监督困难的局面，休闲农业环境管理的相关法律法规体系需进一步加强与完善，从而为休闲农业企业环境行为实施提供强有力的法制保障。

具体来说，除了以上已制定的相关法律法规体系，国家相关政府部门还需加快制定休闲农业开发建设的专项法律法规体系，对休闲农业企业环境行为管理的相关内容作出具体的要求，实行全民监督的环境管理体制；各级地方政府还可在上述法律法规指导下根据各类不同地理区位、组织规模、运营年限、组织等级、经营管理方式的休闲农业企业制定具有针对性和可操作性的具体法规、准则、规章、条例等地方性政策法规体系，明确休闲农业企业的环境责任及环境要求，制定具体的奖惩标准和实施细则。这些法律法规体系奖惩标准的制定可以参考《中华人民共和国行政处罚法》《中华人民共和国治安管理处罚法》《中华人民共和国农业法》《中华人民共和国森林法》《中华人民共和国野生动物保护法》等法律法规的奖惩标准。通过这样一个明确的、可执行的奖惩标准制定可以在一定程度上激励休闲农业企业环境行为的实施。此外，在《中华人民共和国政府采购法》《中华人民共和国消费者权益保护法》等相关法律的修改完善中，还可将绿色消费理念以法律形式固定下来，为休闲农业企业环境行为管理提供一定的决策依据。总之，只有通过全国性和地方性法律法规体系的相互支撑、相互补充，针对性和可操作性较强的实施细节的制定，环境监督体系的完善，才能不断健全休闲农业环境管理的相关法律法规体系。

二、理顺休闲农业旅游环境管理体制

理顺和健全休闲农业旅游环境管理体制可以为强化休闲农业企业环境行为管理提供良好的组织保障。针对目前我国休闲农业生态环境管理出现的条块分割、多头管理、推诿责任等现象，有必要建立职责分明的休闲农业生态环境管理的综合协调机构，强化政府对休闲农业产业的宏观调控职能，促进文旅、农业、环保、国资、水利等多个部门共同参与，从而促进休闲农业环境管理协同能力的提高，为休闲农业企业环境行为管理提供强有力的组织保障。例如，可成立由市（县）委、市（县）政府主要领导牵头，有关职能部门参加的全市（县）休闲农业产业发展领导小组，研究涉及全市（县）休闲农业生态环境管理的重大战略、方针、政策，协调解决重大问题；可成立全市（县）休闲农业旅游行业协会，加强对休闲农业生态环境管理的协调性；建立休闲农业旅游决策支持系统，聘请有关专家为咨询顾问，为休闲农业生态环境管理提出决策性建议。

三、建立生态责任制度和行业准入制度

通过生态责任制度和行业准入制度的建立能够为休闲农业企业环境行为实施提供法制上的保障，规范休闲农业发展道路。

第一，建立生态责任制度。目前我国对于休闲农业的政府管理部门考核的主要依据是经济政绩，而环境政绩虽逐步被纳入考核范围中，但还没有得到应有的重视。为此，有必要建立生态责任制度，不断强化"环保一票否决"制，将休闲农业生态环境管理成效列入休闲农业政府管理部门的政绩考核范围，对休闲农业环境管理执法不力、监督不察等不当行为制订针对性强的问责条款，强化休闲农业政府管理部门的环境保护意识。

第二，建立行业准入制度。在休闲农业项目开发建设之前有必要建立相应的休闲农业行业准入制度，对即将进入建设的休闲农业项目进行环境影响评价，实行严格的休闲农业项目审核。只有经营场地具备自然性特征、经营活动对生态环境产生的消极影响较小的休闲农业项目才能允许进入市场。这种行业准入制度对于休闲农业生态环境的严格要求，有利于促进休闲农业企业环境行为实施。此外，对于休闲农业企业提供的农产品，应有相应的农产品市场准入制度，使农产品在正式流入市场之前经过严格的售前检测，以确保农产品的质量安全。

四、制定合理的休闲农业生态环境保护规划

政府机构在制定休闲农业发展规划时应注重突出休闲农业生态环境特色，正确处理休闲农业建设与乡村生态环境保护的关系，制定合理的休闲农业生态环境保护规划，科学合理地开发休闲农业旅游资源，这有利于促进休闲农业企业环境行为实施。休闲农业生态环境保护规划最好于休闲农业建设之前

制定，这样有利于事前预防，避免事后治理的困难。首先，政府要制定合理的休闲农业生态环境保护规划，就必须在充分了解休闲农业点资源特色、生态环境资源质量、环境保护现状及实施中存在的问题等基础上，制定明确的休闲农业生态环境保护目标，进行休闲农业开发的环境影响评价，科学评估旅游环境承受能力，合理布局旅游项目与活动，理性控制旅游环境容量，注重量与质的平衡，同时还需开展休闲农业环境监测，实施休闲农业生态功能分区分级保护，积极采取措施预防和处理休闲农业生态环境问题。其次，政府部门在制定休闲农业生态环境保护规划时应注重对污水处理、垃圾处理、园林绿化等环境基础设施的投入，有效改善区域旅游环境，为休闲农业企业实施环境行为提供一定的保障。再次，还可通过休闲农业旅游设施的合理设计避免游客破坏生态环境的行为。例如，通过设置篱笆、高低栅栏、铁丝网等障碍设施隔离需要重点保护或者易被游客破坏的休闲农业资源，但是前提是不影响游客旅游观光；在休闲农业点设置数量足够、分布合理、外观独特且具有吸引力的垃圾箱、公共厕所、休憩亭、休息椅、涂鸦墙等服务设施，充分满足游客各种合理需求，避免因为服务设施不足或者设置不合理造成游客破坏生态环境的行为。

五、加强对休闲农业企业环境行为实施的监管

加强对休闲农业企业环境行为实施的监管，健全休闲农业旅游环境监管机制，可以有效推进休闲农业企业环境行为实施。为了降低监管成本的同时也能够提高监管效率，可采取政府、媒体、群众多级监督的形式。首先，政府监管机构（工商、环保、质监等部门）应明确各自的环境监管职责，对休闲农业企业进行开发与建设时面临的生态环境问题进行监督与管理，制定针对性较强的监管政策，建立并完善休闲农业生态环境保护行政追责制。其次，媒体包括报纸、期刊、杂志等传统媒体及互联网、QQ、微博、微信等新型媒

体均应发挥其社会影响力，曝光对休闲农业生态环境造成严重破坏的休闲农业企业，通过媒体的舆论压力迫使休闲农业企业实施环境行为。再次，群众的社会监督力量也是不容忽视的，可通过聘用环保监督员、设立环保意见箱、给予群众举报奖励同时保护群众隐私等形式使广大群众充分享有环境知情权、环境监督权等各种应有的权益，从而促使休闲农业企业环境行为实施。除此之外，还可建立休闲农业企业环境行为信息平台，定期公布休闲农业企业环境行为管理效果，促进广大群众参与监督。休闲农业企业在信息公开透明的情况下只能更加注重自身在休闲农业生态环境管理方面的行为，进而实施环境行为。

六、为休闲农业企业提供资金上的支持

休闲农业企业实施环境行为的成本相对较高，政府需给予其资金上的支持，减小其实施环境行为的资金压力以促使其实施环境行为。首先，政府可通过财政拨款、税费优惠或减免、设立农村环境保护专项资金、采取财政贴息、鼓励银行参与等方式为休闲农业企业实施环境行为减轻一定的经济负担。其次，建立绿色农业补贴机制，对于积极研发绿色环保产品的休闲农业企业给予税收、信贷等方面的优惠，大力推动休闲农业企业研发绿色产品；对于在农业生产过程中积极响应号召采用绿色农药、生物农药、生物肥、有机肥等环境友好型农资产品以及种植生产绿色农产品、无公害农产品、有机农产品的休闲农业企业给予一定的环保补贴，减少休闲农业企业的农业投入成本，提高其实施环境行为的意愿，同时也为其他休闲农业企业带来良好的模范影响作用，在全社会中积极营造出绿色经营的良好氛围。再次，政府应建立休闲农业生态补偿机制，将休闲农业收入的一部分贡献于环境管理，为休闲农业企业实施环境行为提供一定的资金保障。

七、为休闲农业企业提供技术上的支持

先进的环保技术能够为休闲农业生态环境管理工作带来许多便利。从短期来看，运用先进的环保技术进行休闲农业生态环境管理需要一定的成本投入，成本回收较慢。但是从长远来看，先进环保技术的运用能够使休闲农业企业以更少的投入获得更多的产出，而且休闲农业企业通过先进环保技术的运用创造的良好生态环境有利于其打响休闲农业生态旅游品牌，大幅增加其客源市场空间，一举多得。鉴于休闲农业环保技术创新需要大量的人力、物力和资金，仅仅由休闲农业企业进行技术创新往往是心有余而力不足，政府需充分发挥其力量，通过统筹休闲农业企业、高等院校和科研机构等各方面资源进行休闲农业环保技术创新，为休闲农业企业环境行为实施提供技术支持。首先，政府应对休闲农业企业自主进行环保技术创新提供资金和政策上的支持，激励其通过环保技术运用进行休闲农业生态环境管理。其次，大力推广科技特派员制度。政府部门发布科技特派员选任的工作通知后，休闲农业企业填报相关的技术需求内容，科技专家查看相关的需求并进行需求对接，各级科技行政主管部门通过层层选拔，为休闲农业企业对接合适的科技特派员，为休闲农业企业及相关的科技人员搭建无障碍信息技术沟通交流的桥梁，使科技人员把论文扎扎实实地写在"田野大地"上，为休闲农业企业环境行为管理提供强有力的技术支撑及人才保障。再次，积极开办田间学校，聘请技术专家在休闲农业旅游地的地头田间对环境行为实施的具体方式与内容进行详细讲授，针对在环境行为过程中可能遇到的问题及其解决方案进行详细分析，让这些技术人员能切实为休闲农业企业提供技术上的支持。同时，应加强对相关技术人员的管理与监督，进一步提高其下乡进地的频率，从而发挥真正的技术帮扶作用。最后，休闲农业企业也可进行产学研合作，通过与高等院校和科研机构的相互配合进行休闲农业环保技术创新，各取所长，研

以致用。政府也同样可以对这种产学研合作组织给予一定的资金和政策上的支持。

八、加大环保教育宣传

政府对休闲农业绿色经营与管理的宣传有助于休闲农业企业主动实施环境行为，对全社会环保理念的宣传有助于社会监督休闲农业企业实施环境行为。由此，政府应充分发挥自身的作用，将环保概念渗透进每位公民的生活中。政府部门可通过电视、报纸等传统的传播媒介及微博、微信、抖音、快手等新型传播媒介，也可通过学校教育的途径，大力宣传实施环境行为的好处，宣传政府给予的政策支持，提高休闲农业企业、社区居民、农户、媒体、社会组织等利益相关者对环境行为的认知水平，让更多休闲农业企业主动参与到环境行为管理的过程中。对于农资经销商或销售者，政府部门需特别加强培训和教育，规范和引导他们销售绿色产品，从而间接影响休闲农业企业实施环境行为。此外，政府部门还可与相关的媒体企业合作制作文明旅游的宣传片，激发公众对生态环境的敬畏感与责任感；可邀请知名的行业专家开展公益讲座，并向全社会开放；可引导相关的电视、电影、综艺、戏剧、文娱演出等节目植入生态环保理念，使之在公民心目中潜移默化，将环境行为内化为一种主动的行为。

第二节　利益相关者层面的管理路径

一、强化社区参与和监督

社区居民是休闲农业生态环境保护的参与者、监督者与受益者，其环境行为在一定程度上影响着休闲农业旅游点的生态环境。通过社区参与休闲农业生态环境保护，不断满足社区居民的合理利益诉求，有助于增强社区居民环保意识，发挥社区居民的监督和维护作用，使其能够积极地投入休闲农业生态环境保护事业中。休闲农业企业应建立良好的利益分配和共享机制，充分发挥村干部的模范带头作用，加强对社区居民的环境教育与培训，促使社区居民自觉且乐意参与到休闲农业生态环境保护中。

第一，增强社区居民的环保意识。各级政府及休闲农业企业应注重社区居民的力量，不断加强环境宣传教育工作，使社区居民能够清楚，主动参与休闲农业生态环境保护能够为其带来利益分配收入增多、就业机会增加、生活环境不断改善等诸多益处，使其清晰认识到其将是休闲农业生态环境保护的直接受益者，同时也提升其环境敏感度及增强环境危机意识，深化地方认同感，主动妥善处理废弃物，积极参与休闲农业环境治理。具体而言，政府可通过邀请专家授课、外出考察学习等方式使社区居民接受休闲农业生态环境保护的相关培训教育，不断增强其环境保护意识；休闲农业企业可通过志愿环保活动深入社区，加强与社区居民的联系，建构休闲农业企业社会资本网络，建立战略联盟，使社区居民形成与休闲农业企业合作共赢的意识，从而自觉维护休闲农业生态环境。

第二，维护社区居民的环境权益。激发社区居民实施环境行为的一个根本前提是维护社区居民合法的环境权益，诸如环境知情权、环境监督权、环境索赔权、环境议政权等。只有让社区居民充分享受到这些权益，才能让社区居民以主人翁的姿态积极主动地保护休闲农业生态环境，积极实施环境行为。休闲农业企业应不断完善旅游发展制度建设，其决策性方案若有牵连到社区居民的利益，需广泛征求社区居民的意见和建议，与社区居民进行友好沟通和协商，确保社区居民拥有发言权和参与决策权，树立社区居民的主人翁意识，使其积极进行旅游环境管理的"自我赋权"。

第三，为社区居民提供就业和商业机会。休闲农业企业可以根据自身发展特色尽力为社区居民创造农家旅舍、农家菜馆、特色农产品销售、特色旅游商品销售、民俗风情表演等就业和商业机会，使其在这方面享有优先权，让其感受到休闲农业发展为其带来的实实在在的好处，从而激发其主动保护休闲农业生态环境，激发其地方认同感，从而积极主动地参与休闲农业环境治理。例如，旅游者对休闲农业旅游地社区居民的生活方式、土特产品等感到好奇，休闲农业企业可适当设置一些互动环节或有计划地引导居民生产当地土特产品，增进社区居民与游客之间的互动交流，让游客感受来自社区居民的真诚与淳朴，感受地域特色的文化氛围，从而促进消费。社区居民从中感受到休闲农业发展为其带来的诸多好处，便也会加入维护生态环境的行列中来。

第四，完善与社区居民的利益分配方式。只有为社区居民建立合理的利益分配机制，满足社区居民合理的利益诉求，才能有效激发社区居民参与休闲农业生态环境管理的热情。例如，休闲农业企业可以请相关专家对休闲农业旅游资源进行资产评估，采取股份合作经营的方式进行经营，经营所得税后收益社区居民可同其他持股方共同参与分红，同时可由各持股方协商之后预留部分作为休闲农业发展基金，用于社区居民的培训教育、旅游产品宣传营销、基础设施建设等公共事项。

第五，发挥社区居民监督作用。社区居民一旦发现保护休闲农业生态环境可以为自身带来良好的效益，便有可能会监督休闲农业企业，促使其实施环境行为以期为自身谋求更多的效益。若是社区居民无法从休闲农业发展中获得收益反而对其自身生活条件造成较大干扰时，也同样有可能会对休闲农业企业进行监督，举报其对生态环境的破坏。由此，政府部门应为社区居民行使环境监督权创造良好的法治环境，并对社区居民的揭发监督行为给予一定的奖励与隐私上的保护，以充分发挥其对休闲农业企业的监督作用，促使其实施环境行为。

二、加强媒体媒介的舆论宣传与监督作用

鉴于媒体媒介对于社会有较强的影响力，可以通过媒体媒介加强对休闲农业环境保护的舆论宣传及对休闲农业企业环境行为实施的监管。这里说的媒体媒介不只包括电视、广播、杂志、报纸、期刊等传统媒体媒介，还包括QQ、微博、微信等时下较为流行的互联网媒介。互联网媒介曝光、传播的速度与影响力不容小觑，应引起政府部门足够重视。其一，政府及休闲农业企业应充分发挥媒体媒介的优势，向广大社会群众大力宣传环保知识，也可宣传休闲农业企业实施环境行为的正面案例，为社会树立典型。其二，政府可利用媒体媒介的监督作用，及时发布休闲农业企业环境信息，对休闲农业企业环境污染与破坏的负面行为进行报道，督促休闲农业企业按时进行整改落实，更好地保障公众的环境知情权及环境监督权。媒体媒介的舆论监督可利用新闻追踪、连续报道的手段与其他媒体媒介实行联动，并借助其他监督力量在全社会形成一种社会监督休闲农业企业环境行为实施的良好氛围，促使休闲农业企业自觉实施环境行为。其三，媒体媒介要善于扮演催化剂的角色，向受众传达对于生态环境保护的忧虑，唤醒休闲农业企业保护生态环境的责任感与使命感。

三、加强休闲农业民间环保组织建设

民间环保组织（Non-Governmental Organizations，NGO）是由关注环境问题的爱心人士自发成立的民间非营利性组织。休闲农业民间环保组织的建设能够协调政府管理部门、休闲农业企业和农民之间的关系，为其架构良好的沟通桥梁。一方面，休闲农业民间环保组织可以降低政府管理部门进行休闲农业生态环境保护的成本，减轻其工作压力；另一方面，休闲农业民间环保组织可以代表农民利益，充分表达农民意见，发扬农民的主人翁精神，提

高农民参与休闲农业环境管理的意识与能力。政府应通过放宽注册条件、简化项目审批手续、加大资金支持等手段给予休闲农业民间环保组织一定的支持和帮助，为其创造良好的活动空间。休闲农业民间环保组织自身也应通过组织垃圾分类教育、环保生活用品制作、节能灯普及、举办经验交流会、派遣人员培训等社区环保活动来激发农民环保热情。

第三节 休闲农业企业层面的管理路径

一、创新环境管理的组织职能

休闲农业企业可创新环境管理的组织职能，在其组织架构中设置负责休闲农业生态环境管理的部门，可在已有组织架构中挑选一个较为适合的部门将环境行为管理纳入其管理范围中，也可另外设立专门的环境管理部门，对休闲农业生态环境进行专门管理。负责休闲农业生态环境管理的部门可直接向休闲农业企业最高负责人汇报生态环境信息，其工作职责应包括制定专门的休闲农业生态环境管理政策、开展环境宣传教育、引进休闲农业环保技术、增强员工环境意识等等。值得一提的是，休闲农业生态环境管理不单单是负责部门的事情，休闲农业企业内部的其他部门也应积极配合其工作，共同创建休闲农业生态环境管理的良好组织氛围。

二、创新绿色生态产品开发

目前，休闲农业企业对于旅游产品的开发大多以观光休闲、科普教育、文化体验等功能为主，但大多限于田园观光、瓜果采摘、农事体验、农具展示、民俗文化元素展示、农家美食体验等项目，雷同产品较多，特色与亮点不足。倘若休闲农业企业能够另辟蹊径，创新绿色生态产品开发，重视休闲农业的环境教育功能，深入挖掘地域文化特色，设计系列具有趣味性、教育性的生态环境体验及民俗文化体验项目，形成独具特色的绿色生态旅游产品体系，用趣味生动的活动吸引游客，用温馨热情的服务留住游客，便可延长游客的停留时间，促进游客消费。

第一，休闲农业企业可针对喜欢观光的游客设计"生态观光休闲游"旅游产品，注重生态景观环境的营造，借助奇特的地貌景观、美妙的水域风光、独特的生物景观、奇异的气象景观、大气的田园风景等景观资源要素，吸引游客前来打卡，感受大自然的独特魅力。例如，休闲农业企业可通过种植当地观赏性较强的蔬菜瓜果、花卉树木，营造出一年四季皆有景、四季景观各不同的效果，使游客能在自然美景中放松身心、感受美好。休闲农业企业在开发这类旅游产品时还应注意发挥生态解说员的作用。一个好的生态解说员即使是在面对一棵树的时候，也能娓娓道来，从树的根茎、树干、叶子开始，到人与自然的关系等方面进行充分讲解，使游客感受大自然的精妙，感知人与自然和谐相处的重要作用与意义。所以，休闲农业企业应配有生态解说员并对其进行重点培训与教育，使其更好地帮助游客感受生态奥秘。

第二，休闲农业企业可针对喜欢旅拍的游客设计"绿色生态摄影游"旅游产品，通过具有标志性的景点设计及景观小品摆设，吸引游客进行打卡摄影，在不知不觉中提升对美好生态环境的自豪感与保护环境的使命感。例如，休闲农业企业事先寻找好若干典型的生态景观，为游客设计打卡通关活动，游客凭借拍摄的指定景点照片，可到游客中心或售票处兑换具有当地特色的文创产品作为奖品激励或兑换用于住宿、餐饮、娱乐、购物等方面的消费优惠券。在此过程中，休闲农业企业可聘请或培训擅长摄影的工作人员为游客进行摄影指导，这不但增长了游客的摄影知识，而且提升了游客对生态环境的美感体验，更容易使游客感觉物有所值、不虚此行。

第三，休闲农业企业可针对喜欢露营的游客设计"大美生态露营游"旅游产品，使游客亲密接触大自然，在慢节奏的活动中用心感受生态之美。例如，休闲农业企业可设计"春风花草香"春季团建露营主题产品，以春色为主题，通过赏春、寻春、咏春、品春、乐春等活动，增强游客的生态环保意识，集体意识，抒发家国情怀，建立文化自信。其中，赏春活动包括在树林中观赏桃花、樱花，感受生态美景，打卡拍照等；留春活动主要是寻找与春天相关的迹象，如掉落的树叶、花朵等，将其制作成 DIY 手工作品；咏春活动可让游客说出与春天有关的成语、诗词、典故等；品春活动包括品尝春天之美食、美果，如春笋、菠菜、香椿、草莓、菠萝、樱桃等；乐春活动包括举办音乐会等娱乐活动。

第四，休闲农业企业可针对喜欢度假的游客设计"生态养生度假游"旅游产品，借助清幽的生态环境、良好的自然美景及丰富的地域文化，通过气候养生、温泉养生、运动养生、文化养生等系列活动的设计，营造良好的度假氛围，使游客静心感受生活。例如，在老龄化现象加剧的今天，休闲农业企业可抓住银发旅游市场，在生态环境的舒适性上多下功夫，在旅游服务的品质上做文章，摸准老年人的脉搏，对旅游资源、旅游设施与旅游服务进行重组，定制符合老年人养生度假需求的旅游产品，在旅游行程上的节奏安排要能够与老年人的身体状况相匹配，在吃、住、行等方面的安排上要细心谨慎，既要多考虑老年人饮食的绿色健康问题与营养搭配问题，又要保证老年人能够在旅游中拥有足够的休息时间，以消除旅途中的疲劳。只有尽心尽力，满腔热忱地为客户服务，才能不断吸引游客，提升生态旅游的品牌影响力。

第五，休闲农业企业可针对喜欢美食的游客设计"生态美食体验游"旅游产品，以有机种植、生态无污染作为产品卖点，让游客真正感受到产品的安全性，买得安心，吃得放心。例如，休闲农业企业可引导生态解说员在对旅游地进行介绍时专门对农产品的绿色生产过程进行详细解说，使游客更深切地感受到农产品的生态价值；可把有机农产品做成系列美食，吸引游客品尝，也可让游客亲自采摘、制作、烹饪有机农产品，提升生态美食的体验感。此外，休闲农业企业还可将有机农产品加工制作成生态美食；然后使用环保纸进行包装，并贴上统一注册的商标。让游客可以买到称心如意的商品。

第六，休闲农业企业可针对喜欢农耕文化的游客设计"农耕生态体验游"旅游产品，设计可以深度体验的项目与活动，尽可能还原真实、原生态的农耕场景，而不是小规模、臆想型的场景摆设，增强游客的真实体验感。例如，休闲农业企业可以"水稻的成长"为主题，于不同月份设计插秧犁地、收割水稻、晒水稻、稻谷碾成大米等体验性强的产品，一方面可以促进游客的体验闭环，使游客对于水稻的成长过程有了全面的直观体验与深度感知；另一方面还可增加游客的新鲜感与期待感，不断提高游客的重游率。

第七，休闲农业企业可针对喜欢民俗文化的游客设计"生态民俗体验游"旅游产品，通过系列体验性活动的开展，展现原生态的本土民俗文化特色，增加旅游产品的内涵与深度。这类旅游产品的设计应注意不要流于形式，浮于表面，尤其是那些商业性质过于浓厚的民俗表演活动，已经大大偏离了原生态文化体验的初衷。休闲农业企业应深入挖掘本土民俗文化特色，可通过具有创意性、互动性、体验性的活动进行民俗文化元素的表达，让游客玩得有兴致，而不是感觉枯燥、沉闷。例如，拥有剪纸、竹编、刺绣等非物质文化遗产的休闲农业旅游地，除了传统的非遗展示之外，还可以设计一些操作性强的非遗体验活动，活动现场要有专业人士从旁指导，以增强游客的体验效果。再如，拥有祭祀活动、纪庆节日等特色民间信俗的休闲农业旅游地，可通过各种营销渠道和方式加大对相关活动的宣传，吸引游客前来体验。而这些特色民间信俗只要保持原汁原味即可，不用特地进行商业化运营。

三、实行绿色生态经营，注重原生态环境保护

在休闲农业经营过程中应坚持生态文明的发展理念，注重原生态环境保护，保持农业景观与乡村景观的原汁原味，打造绿色旅游产品体系，以纯正浓厚的生态环境吸引游客的青睐。对于已产生环境污染的休闲农业点应积极采取措施解决，对于未产生环境污染的休闲农业点也应以绿色经营方式防患于未然。

（一）自然生态环境维护

对于自然生态环境的维护，休闲农业企业应注重过程性的管理。具体来说，休闲农业企业应合理控制农药、化肥的使用及畜禽的养殖规模；严禁在休闲农业点内大兴土木，严格控制休闲农业点周边的工业项目建设；推广可重复使用的电子门票，使用可循环利用的绿色旅游印刷品（史云 等，2010）；倡导绿色交通工具的使用，尽量采用人力、畜力为主的传统交通工具或环保电瓶车接驳游客，一方面可以增加游览乐趣，另一方面还可以减少对现代机动车（船）的使用，降低尾气排放；积极采用绿色环保材料及绿色能源，尽量减少污染物排放，实现清洁生产；对废弃物进行资源化处理，提高废弃物的再生价值；在游客相对集中的地方分散设置分类式垃圾箱，在远离游客集散处设置垃圾转运站，并安排保洁人员及时清理；完善排污处理系统，所排污水需经过处理达到相关排放标准之后才能排放；建造太阳能、风能、水能等环保发电装置；明令禁止开山取石、损毁林地，杜绝销售野生动植物制品；建立合理的环境功能分区，明确各个分区的环境控制标准，对于生态敏感区和脆弱区需重点加强保护；加强对休闲农业点周边自然生态环境的绿化、美化、亮化与彩化，构建区域绿色通道网络和绿地系统。此外，休闲农业企业还可重点发展循环经济，构建循环生态圈。例如，对于有养殖生态鸡与生态鱼的休闲农业旅游地来说，可以发展鸡—鱼—树循环生态圈，收集生态鸡与

生态鱼的排泄物进行清洁燃料的生产，也可将其作为树木及农作物的有机肥料，同时，树木的果子及生态鱼的内脏又可作为生态鸡的有机食物，从而实现了生态循环。

（二）人文生态环境维护

对于人文生态环境的维护，休闲农业企业应关注人文生态氛围的营造。具体来说，休闲农业企业应秉承本土化开发原则，在动植物物种引进、旅游商品开发、民俗文化渲染等方面多注重融入本土特色元素；新建建筑设施需与村落的整体风格相互协调、相互辉映；注重休闲农业点原生态文化氛围的营造，通过对传统农耕文化、乡村民俗风情、民间工艺、民间文学艺术等文化进行特色化挖掘与本土化开发，力争在建筑风格营造、景观小品设计、标识解说系统、环境卫生设施、道路交通工具等方面能够折射出休闲农业点的原生态文化品位，以淳朴厚实、原汁原味的原始人文生态环境吸引广大游客；建立公平交易、诚信服务的休闲农业旅游市场秩序，同时加强安全保护措施，为休闲农业企业进行正常的经营服务提供良好的环境氛围。

（三）建立奖惩机制进行监督管理

休闲农业企业应建立一定的奖惩机制对员工和游客进行监督管理，促使员工和游客环境行为的实施。从某种意义上讲，休闲农业企业在促使员工和游客环境行为实施的同时自身其实也是在实施环境行为，一举多得。

1. 奖励机制

为鼓励游客实施环境行为，休闲农业企业可建立一定的奖励机制，从物质上和精神上激发游客主动实施环境行为。例如，休闲农业企业可举办"捡垃圾换礼品"活动，为进入休闲农业点的游客发放环保袋，对于能够在休闲农业点内捡垃圾到指定地点的游客均为其换取休闲农业点内的特色旅游纪念品，同时也可以给予门票打折的优惠，对于重游率较高且参与"捡垃圾换礼品"活动较多的游客也可以为其减免门票费，以鼓励其积极实施环境行为。再如，通过在团队游客中评选文明游客的方式给予游客休闲农业点内的特色旅游纪念品、文明游客的荣誉印章或者门票打折的奖励，调动游客实施环境行为的积极性。

为鼓励员工实施环境行为，休闲农业企业可给予实施环境行为的员工上涨一定数量的工资、年终考评加分获得额外年终奖金、赠予精美礼品等物质层面的奖励，也可以给予外出培训考察、评选文明员工等精神层面的奖励。员工是休闲农业点服务的窗口，其精神面貌、举止行为直接反映着休闲农业点的形象。休闲农业企业不能忽略自身员工在实施环境行为方面的分量，应同样给予重视。

2. 惩罚机制

对于不实施环境行为的游客，休闲农业企业的处理以劝导、教育为主。针对需要罚款的情况，须按照相关法律法规的规定执行。一般来说，罚款以现场缴费为主，休闲农业企业需向游客详细说明罚款缘由、罚款依据、罚款标准、罚金去向，提供财政部门监制的罚款收据。除此之外，休闲农业企业可以在游客进入休闲农业点时收取一定数额的环保保证金，若游客实施环境行为待游客返回时可全额退还环保保证金；若游客不实施环境行为可根据游客的具体行为扣除一部分保证金。对于那些对休闲农业生态环境造成严重破坏且屡教不改、不服从处罚的游客，休闲农业企业可将其交给相关执法机构进行处理。

对于不实施环境行为的员工，休闲农业企业的处理同样以劝导、教育为主，辅以扣除一定数量的工资、年终考评减分扣除年终奖金等惩罚。对于那些对休闲农业生态环境造成严重破坏且屡教不改、不服从处罚的员工，休闲农业企业可将其直接开除。

（四）加强环境宣传教育

为了促使休闲农业企业更好地进行环境行为管理，就必须不断加强环境宣传教育，引导和鼓励休闲农业企业学习和掌握休闲农业生态环境知识，激发休闲农业企业对生态环境的关注与重视，从而增强其环境保护意识，自觉履行环境行为。

首先，政府必须转变唯 GDP 而上的思想观念，树立休闲农业环境保护与经济发展相互协调发展的思想意识，向休闲农业企业、社区居民及广大游客公布休闲农业环境质量信息，加强休闲农业环境宣传教育，并为休闲农业企业开展环境教育活动创造和提供良好的政策环境。

其次，休闲农业企业要树立科学的环境价值观，积极迎合游客对良好生态环境的市场需求，践行生态文明、节能减排、低碳环保等先进的发展理念，自觉维护休闲农业生态环境。同时，为了增强其环境意识，可建立环境知识培训、外出考察学习等定向机制，让他们意识到休闲农业生态环境保护与管理的重要性，从而将环境保护作为一种自觉行动。

再次，为了促使游客在游览过程中能够自觉实施环境行为，休闲农业企业可在休闲农业点通过设置具有环境教育功能的基础设施、增加具有环境保护意义的交通工具等手段强化其环境保护意识，提醒游客文明旅行；可通过环保宣传牌、环保警示牌、宣传条幅、宣传册、触摸屏等环境解说系统来加强宣传教育，营造环保氛围，要注意这些环境解说系统的制作材料需符合环保、绿色的主题；还可通过电视、报纸、杂志、电台、网络、文艺演出等多种媒介进行休闲农业生态环境保护的教育引导。在形式上，可通过图片、文字、视频、音频等多种元素进行表达，只有人性化与生动化的环境教育才更容易被游客接受。在内容上，环境宣传教育至少应包括辨认哪些行为属于环境行为、休闲农业经营的环境影响及休闲农业生态环境管理的相关法律法规、信息平台介绍、技术手段运用等内容。从某种意义上说，促进游客环境行为实施的过程也是休闲农业企业自身实施环境行为的过程。

（五）培养员工的环境责任感

休闲农业企业在引导游客及社区居民实施环境行为时，也应注重内部员工环境责任感的培养，激励员工实施环境行为。而这种环境责任感的培养应贯穿在整个人力资源管理的各个环节中。具体来说，在员工招聘环节上，休闲农业企业的招聘方案中除了企业基本概况的介绍外，还可着重介绍企业实施环境行为的种种光荣事迹，并用无纸化、网络化等实际行动传递企业的环境责任感与绿色价值观，吸引环境意识较强的应聘者；在招聘考察时可加强对应聘者环境意识与环境知识的考察，精心挑选出更具环境责任感的应聘者；在员工培训环节上，休闲农业企业可加强对企业环境责任感与绿色价值观的宣传，使员工更好地了解企业的环境战略目标，同时还可加强对员工绿色知识与技能的培训，为员工环境行为的实施奠定良好的基础，使之成为休闲农业企业环境行为的重要组成部分，同时也为社区居民、游客等利益相关者环境行为的实施提供一定的示范参考；在员工考核环节，休闲农业企业可加入环境意识、环境知识等指标的考核，内化员工的环境责任感，督促和激励员工从平时开始就注重环境行为的实施；在员工激励环节，休闲农业企业可对更具环境责任感的员工给予个人表彰、薪酬奖励、奖品奖励、晋升机会等多种形式的激励，引导员工树立生态环保意识，激发员工的环境责任感。

（六）注重环境技术的推广应用，提高环境管理的技术水平

将现代科学技术应用于休闲农业生态环境管理中，有助于休闲农业企业更有效地提高环境管理水平，更好地发展休闲农业旅游。当地政府部门及休闲农业企业可根据现实情况加强休闲农业生态环境治理技术的资金投入，可

以是引入现有较为成熟的环境技术，也可以是与相关高校、科研院所等单位共同研发新型的环境技术。例如，利用3S、数据库、多媒体等现代信息技术手段加强休闲农业生态环境监测，完善休闲农业环境信息网络，建立休闲农业生态环境预警机制，科学调节休闲农业旅游生态容量，以免游客过多对休闲农业生态环境造成严重破坏（高峻、刘世栋，2007）；提高休闲农业灌溉用水的利用技术，提高水资源的利用效率；利用生物技术加强农作物病虫害防范，尽量减少化肥、农药等的使用并提高其利用效率；使用绿色能源与绿色材料并依托清洁生产技术逐步建立休闲农业生态环境保护的循环经济模式，提高休闲农业资源利用效率；利用污水处理系统集成技术对污水进行生态化处理，确保水体不受污染；利用填埋、堆肥、焚烧等垃圾生化处理技术处理在休闲农业活动过程中产生的固体废弃物，尽量减小其对休闲农业游览环境的损害；加强油烟净化技术、汽车尾气净化控制技术等的研发与推广运用，加强绿色能源与环保节能交通工具的使用，优化休闲农业旅游点的大气环境质量。

（七）培养专业人才，建立环境管理智囊团队

休闲农业企业环境行为管理离不开专业人才的智慧支持。首先，各地区可根据实际发展需要建立由休闲农业企业、高等院校、科研院所、政府人员等组成的专家智囊团队，对休闲农业生态环境的相关问题进行研讨，为休闲农业企业环境行为管理提供参谋；其次，对休闲农业生态环境管理的参与主体进行环境知识培训，既可聘请相关技术人员以讲座的形式进行授课，也可组织他们到休闲农业生态环境管理较好的企业进行调研并学习其先进的管理理念与管理经验，开阔管理视野；再次，建立人才激励机制，以优厚的薪酬待遇、良好的职业前景、有凝聚力的组织文化等吸引休闲农业生态环境管理方面的相关专业技术人才，发挥他们的专业特长，为休闲农业企业环境行为管理提供一定的人才保障。

第九章 结语

第一节 研究结论

本书首先对休闲农业企业环境行为的概念进行界定并运用演化博弈方法对其进行经济学分析；其次，基于复杂环境行为模型设计休闲农业企业环境行为形成机理的理论模型，运用改进的层次分析法构建休闲农业企业环境评价指标体系，并以福建省为例进行实证研究；最后，提出了休闲农业企业环境行为管理路径。主要研究结论如下。

第一，休闲农业企业是指能够实行自主经营及自负盈亏的依法从事农家乐、休闲农庄、民俗村、休闲农业园区等休闲农业经营的经济组织。休闲农业企业环境行为是指休闲农业企业为了维持休闲农业良好的自然与人文生态环境而采取的一系列环境战略措施与手段的总称，究其本质实际上是一种环境管理行为。根据休闲农业企业环境行为的具体内容，可将其划分为环境战略制定、环境过程管理、环境宣传教育、环境信息沟通四大类型。

第二，通过对政府监管行为与休闲农业企业环境行为的演化博弈分析，研究发现决策双方博弈的结果与休闲农业企业因实施环境行为为自身带来的收益，所花费的成本，政府进行环境监管的概率、成本，对休闲农业企业实施的惩罚息息相关；通过对社区居民揭发行为与休闲农业企业环境行为的演化博弈分析，研究发现决策双方博弈的结果与休闲农业企业不实施环境行为的收益增加量、社区居民的揭发成本、休闲农业企业被社区居民揭发之后给予社区居民和政府的补偿成本息息相关；通过对休闲农业企业环境行为与竞争者环境行为的演化博弈分析，研究发现决策双方博弈的结果与休闲农业企业实施环境行为的收益增长额、不实施环境行为受到惩罚的概率与惩罚息息相关。

第三，在环境战略制定行为的形成中，其受环境规制的直接影响最大，其次是管理层环境意识，受利益相关者压力、利益链条的影响则相对较小。环境规制通过管理层环境意识对其的间接影响最大，其次是利益相关者压力的间接影响，利益链条通过管理层环境意识对其的间接影响最小。在总影响下，各因素对环境战略制定行为形成的总影响按其系数大小排序依次为环境规制、利益相关者压力、管理层环境意识、利益链条。在环境过程管理行为的形成中，其受信息与技术资源的影响最大，其次是环境规制、管理层环境意识、利益链条。环境规制通过管理层环境意识对其的间接影响最大，其次是信息与技术资源、利益链条的间接影响。在总影响下，各因素对环境过程管理行为形成的总影响按其系数大小排序依次为信息与技术资源、环境规制、利益链条、管理层环境意识。在环境宣传教育行为的形成中，其受利益链条的影响最大，其次是信息与技术资源、环境规制。各因素都是直接对其产生影响，没有间接影响。在环境信息沟通行为的形成中，其受环境规制的影响最大，其次是利益相关者压力，再次是信息与技术资源、利益链条。各因素都是直接对其产生影响，没有间接影响。管理层环境意识受环境规制的影响最大，其次是利益相关者压力，再次是信息与技术资源、利益链条。

第四，不同地理区位的休闲农业企业在环境战略制定及环境信息沟通上存在显著差异，不同组织规模的休闲农业企业在环境战略制定及环境过程管理上存在显著差异，不同运营年限的休闲农业企业在环境战略制定及环境信息沟通上存在显著差异，不同组织等级的休闲农业企业在环境战略制定、环境过程管理及环境宣传教育上存在显著差异，不同经营管理方式的休闲农业企业在环境宣传教育及环境信息沟通上存在显著差异。利益相关者压力、利益链条、管理层环境意识对不同地理区位的休闲农业企业在环境行为的形成上存在显著差异；环境规制及管理层环境意识对不同组织规模的休闲农业企业在环境行为的形成上存在显著差异；环境规制、利益相关者压力、管理层环境意识对不同运营年限的休闲农业企业在环境行为的形成上存在显著差异；各影响因素对不同组织等级的休闲农业企业在环境行为的形成上存在显著差异；环境规制、利益相关者压力、管理层环境意识对不同经营管理方式的休闲农业企业在环境行为的形成上存在显著差异。

第五，休闲农业企业环境行为评价指标体系包括环境破坏及污染防治、环境管理、环境影响与效益3个层面、14个指标。选取A企业、B企业、C企业为研究对象，并通过对这3家休闲农业企业的环境行为进行评价，研究发现在环境破坏及污染防治、环境管理与总分上，三家企业的得分排序从大到小依次为A企业、B企业、C企业；在环境影响与效益上，三家企业的得分排序从大到小依次为C企业、A企业、B企业；在固体废弃物污染防治、土壤污染防治、噪声污染防治、植被破坏防治、人文环境破坏防治等指标上，B企业的指标得分最高；在水体污染防治、空气污染防治、环保制度与政策、环保人员安排、环保项目与活动设计、环保设施设备投入、社会影响等指标上，A企业的指标得分最高；在经济效益、生态影响两个指标上，C企业的指标得分最高。

第六，为促使休闲农业企业环境行为实施，政府应健全休闲农业环境管理的法律法规体系、理顺休闲农业旅游环境管理体制、建立生态责任制度和行业准入制度、制定合理的休闲农业生态环境保护规划、加强对休闲农业企业环境行为实施的监管、为休闲农业企业提供资金和技术上的支持、加大环保教育宣传；利益相关者应强化社区参与、加强区域群众监督、发挥媒体媒介的舆论监督作用、加强休闲农业民间环保组织建设；休闲农业企业应创新环境管理的组织职能、实行绿色生态经营并注重原生态环境保护、建立奖惩机制进行监督管理、加强环境宣传教育、培养员工的环境责任感、注重环境技术的推广应用、建立环境管理智囊团队。

第二节　研究不足

虽然本书取得了一定的研究成果，但是受研究时间、研究精力、个人水平等限制，本书仍存在如下不足之处。

第一，休闲农业企业环境行为形成机理理论模型变量的选择是基于文献检索、专家访谈、实地调研等方式获得的，可能无法包含所有的变量，在后续研究中可以引入其他变量进行更为深入的探讨。

第二，对于测量问项的回答，本书采用李克特五点量表进行设计，各个尺度标准的判断具有一定的主观性。而且休闲农业企业填写问卷时是否愿意真实反映其环境行为管理状况等心理状态是研究者无法准确掌握的，这些都会导致研究结果有一定的偏差。

第三，本书以福建省为例对休闲农业企业环境行为形成机理进行实证研究，可能会导致研究结论不适用于全国的休闲农业企业。

第四，本书的调查数据是休闲农业企业环境行为及其形成机理的横截面数据，尚未考虑到时间因素。若能对休闲农业企业进行跟踪调查，进行纵向和横向的综合分析，所得到的研究结论将更具说服力。

第三节 研究展望

基于本书的不足之处，未来关于休闲农业企业环境行为的研究还有可以拓展的研究空间，可以深入、细化和拓展。

第一，发掘本书可能遗漏的休闲农业企业环境行为形成机理理论模型变量，将其加入休闲农业企业环境行为形成机理的理论模型中进行更为全面的研究，得出更为全面的结论。

第二，结合经济学、管理学、社会学、心理学等学科领域的研究成果，加强对休闲农业企业环境行为的基础理论研究和跨学科研究，为后续实证研究奠定坚实的理论基础。

第三，寻找更为新颖、科学、合适的研究方法对休闲农业企业环境行为进行研究，多方位地探讨休闲农业企业环境行为形成机理。

第四，将调研样本拓展到我国其他省份甚至国外地区，对比不同区域的休闲农业企业环境行为形成机理的不同。也可以通过个案细化和深化休闲农业企业环境行为研究，为休闲农业企业环境行为管理提供借鉴和参考。

第五，加强对休闲农业企业不同时期环境行为的追踪研究，通过调研获取的时间序列数据，对其进行纵向和横向的综合分析，获取更具说服力的研究结果。

参考文献

一、中文论文类

［1］崔晔，2018.京津冀企业环境行为综合评价研究［D］.北京：北方工业大学.

［2］黄英霞，2017.基于内容分析法的物流企业环境行为评价研究［D］.广州：广东财经
　　大学.

［3］纪春礼，2011.营销动态能力构成维度及其形成机理研究［D］.天津：南开大学.

［4］李伟华，2019.绿色金融背景下企业环境行为评价指标体系建设研究［D］.石家庄：
　　河北经贸大学.

［5］潘霖，2011.中国企业环境行为及其驱动机制研究［D］.武汉：华中师范大学.

［6］徐佳，2018.外部利益相关者压力对企业环境行为的决策影响分析［D］.合肥：中国
　　科学技术大学.

［7］杨启航，2013.生态工业园企业环境行为及影响因素研究［D］.大连：大连理工大学.

［8］张海，2013.酒店环境行为及内部驱动机制研究［D］.广州：华南理工大学.

二、中文期刊类

［9］白祥，彭亚萍，2020.新疆县域休闲农业与乡村旅游可持续发展评估［J］.中国农业
　　资源与区划，41（6）：304-310.

［10］常建伟，赵刘威，杜建国，2017.企业环境行为的监管演化博弈分析和稳定性控
　　制——基于系统动力学［J］.系统工程，35（10）：79-87.

［11］陈阁芝，2021.自然旅游地游客亲环境行为的驱动因素研究——以鼎湖山国家级自然
　　保护区为例［J］.四川旅游学院学报（4）：65-69.

［12］陈功玉，钟祖昌，邓晓岚，2006.企业技术创新行为非线性系统演化的博弈分析［J］.

南方经济（4）：110-118.

［13］陈国庆，龙云安，2019.演化博弈视角下的绿色金融发展动力研究［J］.当代金融研
究（6）：14-29.

［14］陈兴荣，刘鲁文，余瑞祥，2014.企业主动环境行为驱动因素研究—基于PANEL
DATA模型的实证分析［J］.软科学，28（3）：56-60.

［15］陈彦，2022.后疫情时代城市居民旅游怀旧对乡村亲环境行为影响研究［J］.淮阴师
范学院学报（哲学社会科学版），44（6）：624-634.

［16］陈艳，2014."农家乐"旅游企业环境行为及其影响因素分析—以长沙为例［J］.湖
南行政学院学报（5）：75-79.

［17］陈怡秀，胡元林，2016.重污染企业环境行为影响因素实证研究［J］.科技管理研究，
36（13）：260-266.

［18］程文广，王宁宁，2021.体育特色小镇建设对居民亲环境行为的影响：地方认同，自
然共情多重中介效应［J］.北京体育大学学报，44（5）：79-89.

［19］崔凤，唐国建，2010.环境社会学：关于环境行为的社会学阐释［J］.社会科学辑刊
（3）：45-50.

［20］单福彬，邱业明，2019.供给侧结构性改革下休闲农业产业化的新模式分析［J］.北
方园艺（7）：166-170.

［21］邓雅丹，郭蕾，路红，2019.决策双系统视角下的亲环境行为述评［J］.心理研究，
12（2）：154-161.

［22］董志文，李龙芹，2022.中国滨海城市海洋旅游竞争力测度与评价研究［J］.海南大
学学报（人文社会科学版），40（4）：94-104.

［23］范水生，朱朝枝，2011.休闲农业的概念与内涵原探［J］.东南学术（2）：72-78.

［24］符全胜，2020.休闲农业景观布局优化策略［J］.工业建筑，50（9）：197-198.

［25］高娟娟，贺华翔，赵嵩林，等，2021.基于改进的层次分析法和模糊综合评价法的灌
区农业水权分配［J］.节水灌溉（11）：13-19.

［26］葛杨，刘松涛，2020.基于指数标度层次分析法和Vague集的雷达导引头干扰效能评
估［J］.探测与控制学报，42（3）：69-74.

［27］龚文娟，雷俊，2007.中国城市居民环境关心及环境友好行为的性别差异［J］.海南
大学学报（人文社会科学版），25（3）：340-345.

［28］关劲峤，黄贤金，刘晓磊，等，2005.太湖流域印染业企业环境行为分析［J］.湖泊科学，17（4）：351-355.

［29］郭焕成，任国柱，等，2007.我国休闲农业发展现状与对策研究［J］.北京第二外国语学院学报（1）：66-71.

［30］郭力娜，王奉林，姜广辉，等，2020.基于GIS的市域休闲农业园区距离分布特征——以唐山市为例［J］.中国农业资源与区划，41（7）：248-254.

［31］郭清卉，李世平，李昊，2022.描述性和命令性社会规范对农户亲环境行为的影响［J］.中国农业大学学报，27（1）：235-247.

［32］韩韶君，2020.假定媒体影响下的居民生态环境行为采纳研究——基于上海市民垃圾分类的实证分析［J］.中国地质大学学报（社会科学版），20（2）：114-123.

［33］何鑫，余明辉，陈小齐，2022.珠江三角洲地形不均匀变化对区域闸群适应性影响研究［J］.泥沙研究，47（6）：66-73.

［34］贺爱忠，刘星，2020.企业环境管理实践对员工亲环境行为影响的情感路径研究［J］.软科学，34（09）：116-120.

［35］侯贵生，殷孟亚，杨磊，2016.政府环境规制强度与企业环境行为的演化博弈研究［J］.统计与决策（21）：174-177.

［36］胡成卉，2018.改善农村环境促进环巢湖生态休闲农业发展［J］.中国财政（22）：64-65.

［37］胡家僖，2020.环境意识，社会阶层及民族文化对云贵民族地区居民环境行为的影响［J］.中国农业资源与区划，41（2）：204-212.

［38］胡晓雯，2019.上海市休闲农业影响要素分析与空间布局引导［J］.中国农业资源与区划，40（12）：268-275.

［39］胡奕欣，李寿涛，陈瑞蕊，等，2021.近20年来亲环境行为研究进展［J］.心理研究，14（5）：428-438.

［40］黄宇，2015.西安休闲农业可持续发展能力评价与分析［J］.中国农业资源与区划，36：158-163.

［41］李富贵，甘复兴，邓德明，等，2007.企业环境行为分析［J］.中国环境管理干部学报，17（1）：49-51.

［42］李晶洁，2018.基于DEA方法的企业环境行为评价指标研究［J］.科技和产业，18（10）：60-64.

［43］李胜，徐海艳，戴岱，2008.我国中小企业环境战略及其选择［J］.生态经济（10）：64-75.

［44］李文明，敖琼，殷程强，等，2020.韶山红色旅游地游客亲环境行为的驱动因素与影响机理［J］.经济地理，40（11）：233-240.

［45］李小雅，王晓芳，卓蓉蓉，等，2020.基于空间句法和网络分析的武汉市城郊休闲农业点空间可达性研究［J］.华中师范大学学报（自然科学版），54（5）：882-891.

［46］李星群，2008.广西乡村旅游经营实体特征与经营效应分析［J］.中国农村经济（1）：50-58.

［47］李旭东，谢晋，2015.农业转型升级阶段农村休闲农业发展模式研究［J］.农业经济（7）：78-79.

［48］李裕红，2021.休闲农业园区的环境教育基地建设［J］.环境教育（1）：64-67.

［49］丽达，曹福存，杨翠霞，2020.辽宁休闲农业示范点空间分布特征［J］.北方园艺（4）：165-171.

［50］林源源，邵佳瑞，2021.乡村旅游目的地意象视角下的亲环境行为意图研究［J］.南京工业大学学报（社会科学版），20（2）：88-99.

［51］刘灿灿，岳修奎，武志平，等，2019.层次分析法在资产评估中的应用——一项技术类无形资产评估案例研究［J］.中国资产评估（2）：49-55.

［52］刘德光，董琳，2022.乡村旅游企业社区参与、环境关心与环境行为［J］.科学决策（7）：132-141.

［53］刘凌，2021.政企关系对农村小微企业环境行为的影响机制研究［J］.社会学评论，9（5）：175-192.

［54］刘伟伟，石登荣，刘庆春，2009.农家乐生态旅游发展与环境保护博弈分析［J］.环境科学与管理，34（8）：151-155.

［55］刘晓英，2007.透视企业文化理论［J］.经营与管理（7）：48-49.

［56］芦慧，刘鑫森，张炜博，等，2021.风险感知视角下后疫情时期中国公民生态环境行为影响机制［J］.中国人口·资源与环境，31（10）：139-148.

［57］鲁庆尧，朱长宁，2020.消费者特征对休闲农业消费行为影响的实证分析——基于江苏省居民调查数据［J］.经济问题（7）：90-96.

［58］吕跃进，陈万翠，钟磊，2013.层次分析法标度研究的若干问题［J］.琼州学院学报，20（5）：1-6.

［59］马文军，潘波，2000.问卷的信度和效度以及如何用 SAS 软件分析［J］.中国卫生统计，17（6）：364-365.

［60］马迎贤，2005.资源依赖理论的发展和贡献评析［J］.社会学研究（1）：116-119.

［61］毛帅，宋阳，2015.论休闲农业在我国发展的现实意义及思路［J］.郑州大学学报（哲学社会科学版），48（3）：98-101.

［62］米莉，陶娅，樊婷，2020.环境规制与企业行为动态博弈对经营绩效的影响机理——基于北方稀土的纵向案例研究［J］.管理案例研究与评论，13（5）：602-616.

［63］倪武帆，2004.环境竞争力对企业竞争力的影响及整合对策［J］.商场现代化（12）：29-30.

［64］聂丽，张利江，2019.政府与排污企业在绿色技术创新中的演化博弈分析与仿真［J］.经济问题（10）：79-86.

［65］牛君仪，2014.都市休闲农业的发展模式与对策［J］.生态经济，30（1）：125-127.

［66］彭海珍，2007.影响企业绿色行为的因素分析［J］.暨南学报(哲学社会科版)（2）：53-58.

［67］彭远春，2011.我国环境行为研究述评［J］.社会科学研究（1）：104-109.

［68］彭远春，2020.环境身份，环境态度对大学生环境行为的影响分析［J］.求索（04）：149-157.

［69］钱忠好，任慧莉，2015.不同利益集团间环境行为选择博弈分析［J］.江苏社会科学（4）：41-49.

［70］秦俊丽，2019.乡村振兴战略下休闲农业发展路径研究——以山西为例［J］.经济问题（2）：76-84.

［71］曲国华，曲卫华，李春华，等，2017.环境信息与金融市场不对称视角企业环境行为分析［J］.经济问题探索（9）：182-190.

［72］任广乾，周雪娅，李昕怡，等，2021.产权性质、公司治理与企业环境行为［J］.北京理工大学学报（社会科学版），23（2）：44-55.

［73］申燕萍，2010.基于博弈论的生态旅游环境保护规划政府规制效用分析［J］.生态经济（1）：198-200.

［74］沈绮云，欧阳河，欧阳育良，2021.产教融合目标达成度评价指标体系构建——基于德尔菲法和层次分析法的研究［J］.高教探索（12）：104-109.

［75］盛茜，2013.沿海经济发达地区城郊休闲农业发展动力机制研究［J］.农村经济与科技，24（3）：113-115.

［76］施若，李霞，2010.供需网成员企业协同竞争行为的演化博弈分析［J］.统计与决策（19）：186-188.

［77］石青辉，张贵华，2019.休闲农业企业营销战略：问题与模型构建［J］.商学研究，26（6）：65-70.

［78］史云，朱培峰，范晓梅，2010.低碳经济下的休闲农业开发研究［J］.安徽农业科学，38（16）：8696-8698.

［79］孙国兴，郭华，张蕾，2020.推进天津休闲农业转型升级实现高质量发展的思路对策［J］.农业经济（1）：18-20.

［80］谭千保，张英，徐远超，等，2002.学生环境意识与环境行为问卷的建构［J］.湘潭师范学院学报（自然科学版），24（4）：107-110.

［81］唐凯江，杨启智，李玫玫，2015."互联网＋"休闲农业运营模式演化研究［J］.农村经济（11）：28-34.

［82］唐林，罗小锋，张俊飚，2021.环境政策与农户环境行为：行政约束抑或是经济激励——基于鄂、赣、浙三省农户调研数据的考察［J］.中国人口·资源与环境，31（6）：147-157.

［83］田虹，姜春源，2021.社会责任型人力资源管理对旅游企业员工亲环境行为的影响研究［J］.旅游学刊，36（11）：133-144.

［84］田虹，田佳卉，2020.源清流洁：环境变革型领导对员工亲环境行为的影响机制研究［J］.南京工业大学学报（社会科学版），19（4）：76-89.

［85］王瑷琳，2019.基于野生食用菌资源的休闲农业旅游可持续发展研究［J］.中国食用菌，38（4）：97-100.

［86］王芳，2006.行动者及其环境行为博弈：城市环境问题形成机制的探讨［J］.上海大学学报（社会科学版）（6）：106-112.

［87］王国权，王欣，王金伟，等，2021.创意休闲农业的空间分布格局及影响因素——以江苏省为例［J］.江苏农业学报，37（1）：219-229.

［88］王辉，赵霞霞，司晓悦，2019.高校中层领导干部考核指标体系研究——基于德尔菲法和层次分析法的应用［J］.东北大学学报（社会科学版），21（2）：195-201.

［89］王建华，沈旻旻，朱淀，2020.环境综合治理背景下农村居民亲环境行为研究［J］.
中国人口·资源与环境，30（7）：128-139.

［90］王建华，王缘，2022.环境风险感知对民众公领域亲环境行为的影响机制研究［J］.
华中农业大学学报（社会科学版）（6）：68-80.

［91］王凯，黎梦娜，葛全胜，2012.世界遗产地旅游企业环境行为及其驱动机制——张家
界饭店企业实证［J］.旅游学刊，27（7）：64-73.

［92］王民，2002.中国中小学生环境知识、态度和预期行为关系研究［J］.环境教育（3）：
9-11.

［93］王明康，刘彦平，2020.休闲农业效率评价及其驱动因素分析——以华东地区81个
示范县为例［J］.地理与地理信息科学，36（3）：133-140.

［94］王帅，邓佳，邓富玲，等，2017.岩溶地区休闲农业旅游对土壤环境的影响［J］.中
国岩溶，36（3）：377-386.

［95］王晓焕，李桦，张罡睿，2021.生计资本如何影响农户亲环境行为？——基于价值认
知的中介效应［J］.农林经济管理学报，20（5）：610-620.

［96］王宇露，江华，2012.企业环境行为研究理论脉络与演进逻辑探析［J］.外国经济与
管理，34（8）：26-34.

［97］王裕光，2021.乡村特色休闲农业与旅游融合发展探索［J］.农业经济（11）：26-27.

［98］王云才，2006.中国乡村旅游发展的新形态和新模式［J］.旅游学刊（4）：10-11.

［99］吴鸿斌，王元仲，2013.关于台湾休闲农业发展模式的启迪与思考［J］.经济论坛
（8）：51-53.

［100］吴清，李细归，张明，2017.湖北省休闲农业示范点空间格局及影响因素研究［J］.
地域研究与开发，36（1）：158-163.

［101］吴胜男，2014.地方政府与企业环境行为的博弈分析［J］.东方企业文化（18）：1-2.

［102］武春友，孙岩，2006.环境态度与环境行为及其关系研究的进展［J］.预测，25（4）：
61-65.

［103］向雁，陈印军，侯艳林，等，2019.河北省休闲农业的空间分布及影响机制［J］.
地理科学，39（11）：1806-1813.

［104］肖靖，2019.河南省休闲农业转型升级驱动力分析［J］.中国农业资源与区划，40
（11）：309-314.

［105］徐璞，李善伟，吴林海，等，2022.上海市休闲农业发展现状，主要问题与对策研究［J］.中国农业资源与区划，43（1）：232-238.

［106］徐松鹤，2018.公众参与下地方政府与企业环境行为的演化博弈分析［J］.系统科学学报，26（4）：68-72.

［107］徐易伟，栾胜基，2004.西部企业环境行为现状及改善途径研究［J］.环境保护（6）：50-53.

［108］徐咏梅，2013.基于不完全信息博弈的企业排污监管分析［J］.暨南学报（哲学社会科学版），（05）：49-55.

［109］薛彩霞，李桦，2021.环境知识与农户亲环境行为——基于环境能力中介作用与社会规范调节效应的分析［J］.科技管理研究，41（22）：231-240.

［110］杨晨钰婧，闫少聪，薛永基，2022.都市休闲农业旅游行为与意愿悖离研究——基于北京市829名消费者的调查数据［J］.中国农业资源与区划，43（11）：270-278.

［111］杨东宁，周长辉，2005.企业自愿采用标准化环境管理体系的驱动力：理论框架及实证分析［J］.管理世界（2）：85-95.

［112］杨丽，魏晓平，2010.基于演化博弈的企业技术创新行为分析［J］.科技管理研究（21）：18-21.

［113］杨晓娜，2015.谈郑州市休闲农业网络营销［J］.旅游纵览（3）：127-128.

［114］杨学儒，李浩铭，2019.乡村旅游企业社区参与和环境行为——粤皖两省家庭农家乐创业者的实证研究［J］.南开管理评论，22（1）：76-86.

［115］杨艳华，2014.都市休闲农业的发展模式与对策［J］.生态经济，30（1）：125-127.

［116］叶建，李星群，2013.休闲农业市场开发模式初探—以广西为例［J］.中国市场（32）：79-80.

［117］于兴业，李德丽，崔宁波，2020.乡村振兴背景下黑龙江省休闲农业与乡村旅游发展研究［J］.北方园艺（1）：157-161.

［118］余军，鄢慧丽，2022.滑雪旅游目的地地方特质与游客亲环境行为的关系：游客感知的中介作用［J］.河北体育学院学报，36（1）：37-47.

［119］余瑞祥，朱清，2009.企业环境行为研究的现在与未来［J］.工业技术经济，28（8）：2-6.

［120］袁定明，2006.我国休闲农业现状及发展对策分析［J］.农村经济（9）：53-56.

［121］曾涛.茶耕文化与休闲农业环境规划实践—以北部湾世外茶园生态旅游项目为例［J］.福建农业，2015（2）：44-45.

［122］湛正群，李非，2006.组织制度理论：研究的问题、观点与进展［J］.现代管理科学，（4）：14-16.

［123］张宝贵，2005.利益相关者治理的理论背景与最新研究进展［J］.商场现代（12）：42-43.

［124］张桂华，唐迎九，2010.湖南休闲农业发展的STP营销策略［J］.农村经济与科技，21（1）：68-69.

［125］张劲松，2008.资源约束下企业环境行为分析及对策研究［J］.企业经济（7）：33-37.

［126］张蕾，陈鹏，董霞，等，2021.天津休闲农业游客满意度调查研究［J］.农业经济（6）：53-55.

［127］张连华，王文波，邓泽宏，等，2018.基于DPSIR模型的企业环境行为评价体系研究［J］.安全与环境学报，18（1）：342-348.

［128］张嫚，2005.环境规制与企业行为间的关联机制研究［J］.财政问题研究（4）：34-39.

［129］张梅，2019.乡村振兴背景下休闲农业发展路径和实践范式建构［J］.技术经济与管理研究（11）：122-128.

［130］张茜，杨东旭，李思逸，等，2020.地方依恋对森林旅游游客亲环境行为的调节效应［J］.中南林业科技大学学报，40（8）：164-172.

［131］张倩，曲世友，2013.环境规制下政府与企业环境行为的动态博弈与最优策略研究［J］.预测，32（4）：35-40.

［132］张香荣，2019.河南省休闲农业产业集群竞争力评价及驱动力分析［J］.中国农业资源与区划，40（10）：269-274.

［133］张昱，张越杰，2022.基于演化博弈理论的农业生态旅游发展模型研究［J］.经济问题（8）：111-119.

［134］张志鹏，胡平，2002.绿色管理—企业增强竞争优势的工具［J］.科技管理究（6）：47-50.

［135］赵慧丽，2010.黄山市黄山区农村发展旅游业与生态环境保护的博弈分析［J］.安徽

农业科学，38（21）：11511-11513.

［136］赵黎明，陈妍庆，2018.环境规制、公众参与和企业环境行为—基于演化博弈和省级面板数据的实证分析［J］.系统工程，36（7）：55-65.

［137］赵领娣，巩天雷，2003.浅谈企业环境战略制约因素［J］.中国标准化（12）：58-61.

［138］甄美荣，李璐，2017.基于公众参与的企业排污治理演化博弈分析［J］.工业工程与管理，22（03）：144-151.

［139］郑益凯，惠轶，邱令存，2017.基于改进组合赋权法的野战通信系统效能评估［J］.航天控制，35（4）：85-89.

［140］周群艳，周德群，2000.企业环境管理行为的动机分析［J］.重庆环境科学，22（1）：9-11.

［141］周曙东，2011.企业环境行为影响因素研究［J］.统计与决策（22）：181-183.

［142］周曙东，2013.两型社会建设中企业环境行为的驱动力研究［J］.求索（5）：29-31.

［143］周义龙，2015.海南休闲农业岛外客源市场开拓的现实障碍与破解策略［J］.江苏农业科学，43（11）：592-596.

［144］周英男，李振华，2014.上市公司环境行为评价模型研究［J］.中国人口·资源与环境，24（S2）：200-203.

［145］朱庆华，杨启航，2013.中国生态工业园建设中企业环境行为及影响因素实证研究［J］.管理评论，25（3）：119-125.

［146］朱永明，黄嘉鑫，2021.说服系统在环保领域中促进用户亲环境行为意愿的研究［J］.软科学，35（11）：123-129.

［147］朱则，张劲松，2013.企业环境管理行为微观决策机理研究［J］.当代经济，（15）：132-135.

［148］邹伟进，胡畔，2009.政府和企业环境行为：博弈及博弈均衡的改善［J］.理论月刊（6）：161-164.

［149］邹雄，王晶，张路，2020.重庆市休闲农业示范点空间分布及影响因素研究［J］.生态经济，36（5）：110-115.

三、中文著作类

［150］侯杰泰，2004.结构方程模型及其应用［M］.北京：教育科学出版社.

［151］黄芳铭，2005.结构方程模式理论与应用［M］.北京：中国税务出版社.

［152］李怀祖，2005.管理研究方法论［M］.西安：西安交通大学出版社.

［153］谢识予，2007.经济博弈论［M］.上海：复旦大学出版社.

［154］薛薇，2006.基于SPSS的数据分析［M］.北京：中国人民大学出版社.

四、外文著作类

［155］HUNGERFORD H R, 1992. Investigating and Evaluating Environmental Issues and Actions: Skill Development Modules［M］. Stipes Publishing Company.

［156］STOKOLS D，ALTMAN，1987. Handbook of Environmental Psychology: Author Index［M］. New York Wiley.

五、外文期刊类

［157］ABRAHAMSE W，STEG L，VLEK C, et al.，2007.The effect of tailored information，goal setting and feedback on household energy use，energy related behaviors and behavioral determinants［J］.Journal of Environmental Psychology（27）: 265-276.

［158］AJZEN I，1991.The theory of planned behavior［J］.Organizational Behavior and Human Decision Processes（50）: 179-211.

［159］ANTON W R Q, DELTAS G, KHNANA M, 2004. Incentives for environmental self-regulation and implications for environmental performance［J］. Journal of Environmental Economics and Management, 48（1）: 632-654.

［160］BANERJEE S B, IYER E S, KASHYAP R K，2003.Corporate environmentalism: antecedents and influence of industry type［J］.Journal of Marketing（7）: 106-122.

［161］BARBIERI C，2010.An importance-performance analysis of the motivations behind agri-tourism and other farm enterprise developments in Canada［J］.Journal of Rural and

Community Development（5）：1-20.

［162］BARR S, 2003.Strategies for sustainability：citizens and responsible environmental behaviour［J］.Area, 5（3）：227-240.

［163］BLANCO E, REY-MAQUIEIRA J, LOZANO J, 2009.Economic incentives for tourism firms to undertake voluntary environmental management［J］.Tourism Management（30）：112-122.

［164］BOON-FALLEUR M, GRANDIN A, BAUMARD N, et al., 2022.Leveraging social cognition to promote effective climate change mitigation［J］.Nature Climate Change, 12（4）：332-338.

［165］BOUBONARI T, MARKOS A, KEVREKIDIS T, 2013.Greek pre-service teachers' knowledge, attitudes, and environmental behavior toward marine pollution［J］. Journal of Environmental Education, 44（4）：232-251.

［166］GAMERO D M, et al., 2008.Complementary resources and capabilities for an ethical and environmental management:A qual/quan study［J］.Journal of Business Study, 82（3）：701-732.

［167］CARLA B, 2010.An importance-performance analysis of the motivations behind agritourism and other farm enterprise developments in canada［J］.Journal of Rural and Community Development（5）：1-20.

［168］CARROLL B A, 2000.A commentary and an overview of key questions on corporate social performance measurement［J］.Business and Society（39）：466-478.

［169］CHEUNG L T O, FOK L, 2014.Assessing the role of eco-tourism training in changing participants' pro-environmental knowledge, attitude and behaviour［J］.Asia Pacific Journal of Tourism Research, 19（6）：645-661.

［170］CHEUNG C M K, LEE M K O, 2010.A theoretical model of intentional social action in online social networks［J］.Decision Support Systems, 49（1）：24-30.

［171］CHUANG Y, XIE X, LIU C, 2016. Interdependent orientations increase proenvironmental preferences when facing self-interest conflicts：the mediating role of self-control［J］.Journal of Environmental Psychology（46）：96-105.

［172］COLLADO S, STAATS H, SANCHO P, 2019.Normative influences on adolescents self-reported pro-environmental behaviors：the role of parents and friends［J］.

Environment and Behavior, 51（3）: 288-314.

［173］DEBORAH C, ANN V, GREGORY V, 2005.Sustaining product on and strengthening the agri-tourism product: Linkages among michigan agri-tourism destinations.［J］. Agriculture and Human Values（2）: 222-234.

［174］DELMAS M, TOFFEL M W, 2004.Stakeholders and environmental management practices: an institutional Framework［J］.Business Strategy and the Environment, 13 （4）: 209-222.

［175］DOGAN V, OZMEN M, 2019.Belief in environmentalism and independent/ interdependent self-construal as factors predicting interest in and intention to purchase hybrid electric vehicles［J］.Current Psychology, 38（6）: 1464-1475.

［176］DRĂGULĂNESCU I, DRUTU M, 2012.Rural Tourism for local economic development［J］.International Journal of Academic Research in Accounting,Finance and Management Sciences（1）: 196-203.

［177］ELABRAS B L V, MAGRINI A, 2009. Eco-industrial park development in rio de janeiro, brazil:a tool for sustainable development［J］.Journal of Cleaner Production, 17（7）: 653-661.

［178］FISHBEIN M A, AJZEN I, 1997.Belief, attitude, intention and behaviour: an introduction to theory and research. addison-wesley, reading MA［J］.Contemporary Sociology, 6（2）: 244-245.

［179］FITARI Y, TYAS S, 2017.Manfaat pengembangan desa wisata wonolopo terhadap kondisi sosial, ekonomi dan lingkungan masyarakat lokal［J］.Jurnal Wilayah Dan Lingkungan, 5（1）: 29-44.

［180］FOSTER D,2004.Agricultural diversification and agritourism : critical success factors［J］. The Institute for Integrated Rural Tourism（802）: 656-3131.

［181］FRITSCHE I, BARTH M, JUGERT P, et al., 2018.A social identity model of pro-environmental action（SIMPEA）［J］.Psychological Review, 125（2）: 245-269.

［182］GRAY W B, SHADBEGIAN R J, 2004.Optimal pollution abatement-whose benefits matter,and how much?［J］.Journal of Environmental Economics and Management（47）: 510-534.

［183］GU D，JIANG J，WANG L，et al.，2020.The negative associations between materialism and pro-environmental attitudes and behaviors：individual and regional evidence from china［J］.Environment and Behavior（52）：611-638.

［184］GUAGNANO G A，STERN P C，DIETZ T，1995. Influences on attitude behavior relationships: a natural experiment with curbside recycling［J］.Environment and Behavior（27）：699-718.

［185］HE X，HU D，SWANSON S R，et al.，2018. Destination perceptions, relationship quality, and tourist environmentally responsible behavior［J］. Tourism Management Perspectives, 28: 93-104.

［186］HEERES R R，VERMEULEN W J V，et al.，2004.Eco-industrial park initiatives in the USA and the netherlands: First lessons［J］.Journal of Cleaner Production，12（8）：985-995.

［187］HEGARTY C，PRZEZBORSKA L，2005. Rural and agri-tourism as a tool for reorganizing rural areas in old and new member states-a comparison study of ireland and poland［J］.International Journal of Tourism Research（7）：63-77.

［188］HINES J M，HUNGERFORD H R，TOMERA A N，1986.Analysis and synthesis of research on responsible environmental behavior：a meta-analysis［J］.The Journal of Environmental Education，18（2）：1-8.

［189］HUNGERFORD H R，1985.Investigating and evaluating environmental issues and actions：Skill development modules.［J］.Illinois Stipes Publishing Company（5）：10-12.

［190］HUSSEY D M，EAGAN P D，2007.Using structural equation modeling to test environmental performance in small and medium-sized manufacturers: Can SEM help SMES? Science direct［J］.Journal of Cleaner Production，15（4）：303-312.

［191］JCZMYK A，UGLIS J，GRAJA-ZWOLIŃSKA S，et al.，2015. Research note：economic benefits of agritourism development in poland -an empirical study［J］. Tourism Economics，21（5）：1120-1126.

［192］KAISER H F，1974. An index of factorial simplicity［J］. Psychometrika, 39（1）：31-36.

［193］KAMIŃSKA W，MIROSŁAW M，2015. Development of agritourism in poland:a critical analysis of students' expectations of agritourismfarms ［J］.Miscellanea Geographica，19（4）：44-55.

［194］KASIM A，2009. Managerial attitudes towards environmental management among small and medium hotels in kuala lumpur ［J］. Journal of Sustainable Tourism，6（17）：709-725.

［195］KIM M S，STEPCHENKOVA S，2019.Altruistic values and environmental knowledge as triggers of pro-environmental behavior among tourists ［J］. Current Issues in Tourism（10）：1-6.

［196］KUBICKOVA M，CAMPBELL J M，2020.The role of government in agro-tourism development:A top-down bottom-up approach ［J］. Current Issues in Tourism,23（5）：1-18.

［197］LANDON，WOOSNAM，BOLEY，2018.Modeling the psychological antecedents to tourists' pro-sustainable behaviors：An application of the value-belief-norm model ［J］. Journal of Sustainable Tourism，26（6）：957-972.

［198］LIOBIKIENĖ G，POKUS M S，2019.The importance of environmental knowledge for private and public sphere pro-environmental behavior：modifying the value-belief-norm theory ［J］.Sustainability，11（12）：3324.

［199］LIU H，KE W，WEI K K，et al. 2010，The role of institutional pressures and organizational culture in the firm's intention to adopt internet-enabled supply chain management systems ［J］.Journal of Operations Management，28（5）：372-384.

［200］LIU Y，2009.Investigating external environmental pressure on firms and their behavior in yangtze river delta of china ［J］.Journal of Cleaner Production，17（16）：1480-1486.

［201］LIU Y，YE H，2012.The dynamic study on firm's environmental behavior and influencing factors: An adaptive agent-based modeling approach ［J］.Journal of Cleaner Production，37（12）：278-287.

［202］MARIAN I，2017.Rural tourism and agro-tourism in romania ［J］.Ovidius University Annals：Economic Sciences Series，17（2）：226-231.

［203］MARQUES H，2006.Research Report:searching for complementarities between

agriculture and tourism-the demarcated wine-producing regions of northern portugal [J].
Tourism Economics (12): 147-155.

[204] MARSDEN T, SONNINO R, 2008.Rural development and the regional state: Denying
multi-functional agriculture in the UK [J].Journal of Rural Studies, 24 (4): 422-
431.

[205] MCGEHEE N G, KIM K, et al., 2004.Motivation for agri-tourism entrepreneurship [J].
Journal of Travin Turkeel Research, 43 (2): 161-170.

[206] MILLER D, MERRILEES B, COGHLAN A, 2015.Sustainable urban tourism:
understanding and developing visitor pro-environmental behaviours [J].Journal of
Sustainable Tourism, 23 (1): 26-46.

[207] MONTANO D E, KASPRZYK D, et al., 2015.Theory of ressoned action, theory of
planned behavior, and the integrated behavior model [J].Health Behavior: Theory,
Research and Practice, 70 (4): 231-242.

[208] MOON S G, 2008.Corporate environmental behaviors in voluntary programs: Does
timing matter? [J].Social Science Quarterly, 89 (5): 1102-1120.

[209] MOON S G, BAE S, 2011.State-level institutional pressure, firms' organizational
attributes, and corporate voluntary environmental behavior [J].Society & Natural
Resources (24): 1189-1204.

[210] NGUYEN H T N, SUWANNO S D P A, THONGMA W D P A, et al., 2018.The
attitudes of residents towards agro-tourism impacts and its effects on participation
in agro-tourism development: the case study of vietnam [J]. African Journal of
Hospitality, Tourism and Leisure, 7 (4): 1-18.

[211] PAPAGIANNAKIS G, LIOUKAS S, 2012.Values, attitudes and perceptions of
managers as predictors of corporate environmental responsiveness [J].Journal of
Environmental Management (7): 41-45.

[212] PFATTHEICHER, KELLER, 2015.The watching eyes phenomenon: The role of
a sense of being seen and public self-awareness [J].European Journal of Social
Psychology, 45 (5): 560-566.

[213] PHILLIP S, HUNTER C, BLACKSTOCK K , 2010.A typology for defining sgri-
tourism [J].Tourism Management (31): 754-758.

［214］POPOVIĆ S，SLOBODAN，GRUBLJEŠIĆ Ž，et al.，2015.Importance of agro-ecological and economic strategic management within the tertiary sector［J］.Analele Universităţii Constantin Brâncuşi Din Târgu Jiu：Seria Economie（6）：159-164.

［215］POWDTHAVEE N. 2021, Education and pro-environmental attitudes and behaviours: A nonparametric regression discontinuity analysis of a major schooling reform in England and Wales［J］. Ecological Economics, 181: 106931.

［216］QU W，GE Y，GUO Y，et al.，2020.The influence of wechat use on driving behavior in china：A study based on the theory of planned behavior［J］. Accident Analysis and Prevention，144：105641.

［217］SADIQ R，HUSAIN T，2005.A fuzzy-based methodology for an aggregative environmental risk assessment：A case study of drilling waste［J］.Environmental Modelling and Software，20（1）：33-46.

［218］SARKAR R，2008.Public policy and corporate environmental behaviour a broader view［J］. Corporate Social Responsibility & Environmental Management，15（5）：281-297.

［219］SEBASTIAN S，2007.Twenty years after hines，hungerford and tomera：A new meta analysis of psycho-social determinants of pro-environmental behaviour［J］.Journal of Environmental Psychology（27）：14-25.

［220］STALLEY P，2009.Can trade green china? Participation in the global economy and the environmental performance of chinese firms［J］.Journal of Contemporary China，18（61）：567-590.

［221］STEPHEN W，2016.The quest for rural sustainability in russia［J］. Sustainability，8（7）：602.

［222］STERN P C，2010.New environmental theories：Toward a coherent theory of environmentally significant behavior［J］.Journal of Social Issues，56（3）：407-424.

［223］TAKEDA F，TOMOZAWA T，2008. A change in market responses to the environmental management ranking in japan［J］.Ecological Economics，67（3）：465-472.

［224］TERRIER L，MARFAING B，2015.Using social norms and commitment to promote pro-environmental behavior among hotel guests［J］.Journal of Environmental Psychology，44（9）：10-15.

［225］WANG S，WANG J，LI J，et al.，2020.Do motivations contribute to local residents engagement in pro-environmental behaviors? Resident-destination relationship and pro-environmental climate perspective［J］.Journal of Sustainable Tourism（28）: 834-852.

［226］WANG C，ZHANG J，CAO J，et al.，2019.The influence of environmental background on tourists' environmentally responsible behaviour［J］.Journal of Environmental Management，231: 804-810.

［227］WANG Y，ZHI Q，2016.The role of green finance in environmental protection: two aspects of market mechanism and policies［J］. Energy Procedia（104）: 311-316.

［228］WOOD J D，1991.Corporate social performance revisited［J］.Academy of Management Review（16）: 691-718.

［229］WRIGHT W，ANNES A，2014. Farm women and agritourism: representing a new rurality［J］. Sociologia Ruralis，54（4）: 477-499.

［230］WU J S，FONT X，LIU J，2020. Tourists pro-environmental behaviors: moral obligation or disenagement?［J］.Journal of Travel Research（3）: 1-14.

［231］YOO B，DONTHU N，2001. Developing and validating a multidimensional consumer-based brand equity scale［J］.Joumal of Business Research，52（1）1-14.

附录 1　休闲农业企业环境行为形成机理预调研问卷

问卷编号：

休闲农业点名称：

休闲农业企业环境行为形成机理调查问卷

尊敬的女士 / 先生：

为了更好地了解休闲农业企业环境行为，促进休闲农业生态环境质量的改善，我们制定了此调查问卷，真诚期望您能抽出宝贵时间协助我们的工作。本调查不记名，调查结果仅用于学术研究，且我们将对您提供的资料严格保密，请您根据您的真实想法填写。非常感谢您的大力支持！

福建商学院旅游与休闲管理学院教师

第一部分：环境行为

对于以下环境行为，您的实践情况如何？请在最符合您情况的数字上打"√"。

相关陈述	评判标准				
	没有考虑	计划考虑	已经考虑	有所实施	成功实施
1. 有负责休闲农业环境管理的部门	1	2	3	4	5
2. 有制定专门的休闲农业环境管理政策	1	2	3	4	5
3. 有熟识休闲农业环境管理的专家	1	2	3	4	5
4. 有把环境目标作为休闲农业的发展目标	1	2	3	4	5
5. 有建筑风格与周边环境建设协调的规划	1	2	3	4	5
6. 有低碳节能材料和设备	1	2	3	4	5
7. 有注重节约资源和能源（如水、煤、电等）的措施	1	2	3	4	5
8. 有废弃物分类回收、资源化处理的行为	1	2	3	4	5
9. 有对休闲农业环境形象的宣传工作	1	2	3	4	5
10. 有休闲农业环境宣传教育的解说系统	1	2	3	4	5
11. 有休闲农业环境保护主题活动	1	2	3	4	5
12. 有对员工开展的节能环保培训	1	2	3	4	5
13. 有引导或鼓励实施保护休闲农业环境的行为	1	2	3	4	5
14. 有制止或劝导实施破坏休闲农业环境的行为	1	2	3	4	5
15. 有征集、反馈游客对休闲农业环境行为的建议	1	2	3	4	5
16. 有与其他休闲农业点交流环保信息与经验	1	2	3	4	5
17. 有对外公开环境信息	1	2	3	4	5

第二部分：环境行为形成机理

对于以下观点，您的赞成程度如何？请在最符合您情况的数字上打
"√"。

相关陈述	评判标准				
	非常不同意	不太同意	中立	比较同意	非常同意
1. 因相关法律法规的强制约束促使我实施环境行为	1	2	3	4	5
2. 因相关部门的环境监管促使我实施环境行为	1	2	3	4	5
3. 因地方政府的政策扶持促使我实施环境行为	1	2	3	4	5
4. 因相关的奖罚措施促使我实施环境行为	1	2	3	4	5

相关陈述	评判标准				
	非常 不同意	不太 同意	中立	比较 同意	非常 同意
5. 因社区居民较高的环保要求促使我实施环境行为	1	2	3	4	5
6. 因消费者对绿色农产品及良好生态环境的需求促使我实施环境行为	1	2	3	4	5
7. 因竞争者环境绩效的提高促使我实施环境行为	1	2	3	4	5
8. 因投资者对良好环境形象的经营组织的青睐促使我实施环境行为	1	2	3	4	5
9. 因政府机构对环境绩效的关注促使我实施环境行为	1	2	3	4	5
10. 因实施环境行为可节省成本、增加利润促使我实施环境行为	1	2	3	4	5
11. 因实施环境行为可吸引更多金融投资促使我实施环境行为	1	2	3	4	5
12. 因实施环境行为可获得环保政策优惠促使我实施环境行为	1	2	3	4	5
13. 因实施环境行为可赢得良好市场形象,增强市场竞争力促使我实施环境行为	1	2	3	4	5
14. 因环境社会责任促使我实施环境行为	1	2	3	4	5
15. 因对环境知识的掌握程度较高促使我实施环境行为	1	2	3	4	5
16. 因对相关环保政策法规的关注促使我实施环境行为	1	2	3	4	5
17. 因对休闲农业环境质量管理的关注促使我实施环境行为	1	2	3	4	5
18. 因环境信息收集渠道变多促使我实施环境行为	1	2	3	4	5
19. 因环境信息平台更好,促使我实施环境行为	1	2	3	4	5
20. 因环境技术推广程度提高,促使我实施环境行为	1	2	3	4	5

第三部分：企业基本信息

1. 地理区位：□城市　□城市郊区　□农村

2. 员工数量（人）：□≤ 10　□ 11 ~ 50　□ 51 ~ 100　□> 100

3. 运营年限（年）：□ 3 年以下　□ 3 ~ 5 年　□ 5 ~ 10 年　□ 10 年以上

4. 组织等级：□四星级乡村旅游经营单位　□三星级乡村旅游经营单位
□　未获星级乡村旅游经营单位

5. 经营管理方式：□自主管理　□委托管理　□承包经营

6. 您的职位层级：□高层管理人员　□中层管理人员　□基层管理人员
真诚感谢您的协助！

附录2　休闲农业企业环境行为形成机理正式调研问卷

问卷编号：

休闲农业点名称：

休闲农业企业环境行为形成机理调查问卷

尊敬的女士／先生：

为了更好地了解休闲农业企业环境行为，促进休闲农业生态环境质量的提高，我们制定了此调查问卷，真诚期望您能抽出宝贵时间协助我们的工作。本调查不记名，调查结果仅用于学术研究，且我们将对您提供的资料严格保密，请您根据您的真实想法填写。非常感谢您的大力支持！

福建商学院旅游与休闲管理学院教师

休闲农业企业环境行为是指休闲农业企业为了维持休闲农业良好的自然与人文生态环境而采取的一系列环境战略措施与手段的总称，究其本质实际上是一种环境管理行为。

第一部分：环境行为

对于以下环境行为，您的实践情况如何？请在最符合您情况的数字上打"√"。

相关陈述	评判标准				
	没有考虑	计划考虑	已经考虑	有所实施	成功实施
1. 有负责休闲农业环境管理的部门	1	2	3	4	5
2. 有制定专门的休闲农业环境管理政策	1	2	3	4	5
3. 有熟识休闲农业环境管理的专家	1	2	3	4	5
4. 有建筑风格与周边环境建设协调的规划	1	2	3	4	5
5. 有低碳节能材料和设备	1	2	3	4	5
6. 有注重节约资源和能源（如水、煤、电等）的措施	1	2	3	4	5
7. 有废弃物分类回收、资源化处理的行为	1	2	3	4	5
8. 有对休闲农业环境形象的宣传工作	1	2	3	4	5
9. 有休闲农业环境宣传教育的解说系统	1	2	3	4	5
10. 休闲农业环境保护主题活动	1	2	3	4	5
11. 引导或鼓励实施保护休闲农业环境的行为	1	2	3	4	5
12. 制止或劝导实施破坏休闲农业环境的行为	1	2	3	4	5
13. 征集、反馈游客对休闲农业环境行为的建议	1	2	3	4	5
14. 与其他休闲农业点交流环保信息与经验	1	2	3	4	5
15. 对外公开环境信息	1	2	3	4	5

第二部分：环境行为形成机理

对于以下观点，您的赞成程度如何？请在最符合您情况的数字上打"√"。

相关陈述	评判标准				
	非常不同意	不太同意	中立	比较同意	非常同意
1. 因相关法律法规的强制约束促使我实施环境行为	1	2	3	4	5
2. 因相关部门的环境监管促使我实施环境行为	1	2	3	4	5
3. 因地方政府的政策扶持促使我实施环境行为	1	2	3	4	5
4. 因社区居民较高的环保要求促使我实施环境行为	1	2	3	4	5
5. 因消费者对绿色农产品及良好生态环境的需求促使我实施环境行为	1	2	3	4	5

续表

相关陈述	评判标准				
	非常 不同意	不太 同意	中立	比较 同意	非常 同意
6. 因竞争者环境绩效的提高促使我实施环境行为	1	2	3	4	5
7. 因投资者对良好环境形象的经营组织的青睐促使我实施环境行为	1	2	3	4	5
8. 因政府机构对环境绩效的关注促使我实施环境行为	1	2	3	4	5
9. 因实施环境行为可节省成本、增加利润促使我实施环境行为	1	2	3	4	5
10. 因实施环境行为可吸引更多金融投资促使我实施环境行为	1	2	3	4	5
11. 因实施环境行为可赢得良好市场形象，增强市场竞争力促使我实施环境行为	1	2	3	4	5
12. 因环境社会责任促使我实施环境行为	1	2	3	4	5
13. 因对环境知识的掌握程度较高促使我实施环境行为	1	2	3	4	5
14. 因对相关环保政策法规的关注促使我实施环境行为	1	2	3	4	5
15. 因对休闲农业环境质量管理的关注促使我实施环境行为	1	2	3	4	5
16. 因环境信息收集渠道变多，促使我实施环境行为	1	2	3	4	5
17. 因环境信息平台更好，促使我实施环境行为	1	2	3	4	5
18. 因环境技术推广程度提高，促使我实施环境行为	1	2	3	4	5

第三部分：企业基本信息

1. 地理区位：□城市　□城市郊区　□农村

2. 人员数量（人）：□≤ 10　□ 11 ～ 50　□ 51 ～ 100　□＞ 100

3. 运营年限（年）：□ 3 年以下　□ 3 ～ 5 年　□ 5 ～ 10 年　□ 10 年以上

4. 组织等级：□四星级乡村旅游经营单位　□三星级乡村旅游经营单位

□未获星级乡村旅游经营单位

5. 经营管理方式：□自主管理　□委托管理　□承包经营

6. 您的职位层级：□高层管理人员　□中层管理人员　□基层管理人员

真诚感谢您的协助！

附录3 休闲农业企业环境行为评价专家调查问卷（一）

尊敬的专家：

您好！

由于本人正在从事休闲农业企业环境行为评价方面的研究，需要对各项指标进行综合评价，得出较准确的评价因子权重，请您参照填表说明，对评价因子的相对重要性进行一一比较，填上您认为合适的数值。谢谢您的合作，祝您身体健康，工作顺利！

福建商学院旅游与休闲管理学院教师

关于相对重要性取值的具体说明：

重要程度	重要性等级
a_0	i 与 j 相比，i 与 j 同等重要
a_1	i 与 j 相比，i 比 j 稍微重要
a_2	i 与 j 相比，i 比 j 重要
a_4	i 与 j 相比，i 比 j 明显重要
a_6	i 与 j 相比，i 比 j 强烈重要
a_8	i 与 j 相比，i 比 j 极端重要
a_3、a_5、a_7	以上一一比较的中值
a_{-n}	与 a_n 的含义相反，例如，a_{-2} 表示 i 与 j 相比，j 比 i 重要

如果认为因子1和因子2同等重要，则取值为a_0。为了方便填写，您可以直接写成0；如果认为因子1比因子2稍微重要，则取值为a_1，写为1即可，以此类推。

一、在休闲农业企业环境行为评价的三大因子中，您认为：

	环境破坏及污染防治	环境管理	环境影响与效益
环境破坏及污染防治	1		
环境管理	—	1	
环境影响与效益	—	—	1

二、在环境破坏及污染防治的七个因子中，您认为：

	固体废弃物污染防治	水体污染防治	土壤污染防治	空气污染防治	噪声污染防治	植被破坏防治	人文环境破坏防治
固体废弃物污染防治	1						
水体污染防治	—	1					
土壤污染防治	—	—	1				
空气污染防治	—	—	—	1			
噪声污染防治	—	—	—	—	1		
植被破坏防治	—	—	—	—	—	1	
人文环境破坏防治	—	—	—	—	—	—	1

三、在环境管理的四个因子中，您认为：

	环保制度与政策	环保人员安排	环保项目与活动设计	环保设施设备投入
环保制度与政策	1			
环保人员安排	—	1		
环保项目与活动设计	—	—	1	
环保设施设备投入	—	—	—	1

四、在环境影响与效益的三个因子中，您认为：

	经济效益	生态影响	社会影响
经济效益	1		
生态影响	—	1	
社会影响	—	—	1

谢谢您的填写，真诚感谢您的合作！

附录4 休闲农业企业环境行为评价专家调查问卷（二）

尊敬的专家：

您好！

首先感谢您花宝贵时间完成问卷（一），由于专家征询法的技术要求，还需进行第二轮调查。请您参照填表说明，再次对评价因子的相对重要性进行一一比较，填上您认为合适的数值。谢谢您的合作，祝您身体健康，工作顺利！

福建商学院旅游与休闲管理学院教师

关于相对重要性取值的具体说明：

重要程度	重要性等级
a_0	i 与 j 相比，i 与 j 同等重要
a_1	i 与 j 相比，i 比 j 稍微重要
a_2	i 与 j 相比，i 比 j 重要
a_4	i 与 j 相比，i 比 j 明显重要
a_6	i 与 j 相比，i 比 j 强烈重要
a_8	i 与 j 相比，i 比 j 极端重要
a_3、a_5、a_7	以上一一比较的中值
a_{-n}	与 a_n 的含义相反，例如，a_{-2} 表示 i 与 j 相比，j 比 i 重要

下列表格中的重要性标度取值列出了三个括号，第一个括号里需要填写的数值是统计出来的均值，第二个括号里需要填写的数值是您上次评价的结果，请您参考均值填写，并再次给出评价，填在第三个括号里。如果您再次填写的数值与均值相比有较大差异，烦请您在第三个括号的外面简单地陈述一下您的理由。

一、在休闲农业企业环境行为评价的三大因子中，您认为：

	环境破坏及污染防治	环境管理	环境影响与效益
环境破坏及污染防治	1	（　）（　）（　）	（　）（　）（　）
环境管理	—	1	（　）（　）（　）
环境影响与效益	—	—	1

二、在环境破坏及污染防治的七个因子中，您认为：

	固体废弃物污染防治	水体污染防治	土壤污染防治	空气污染防治	噪声污染防治	植被破坏防治	人文环境破坏防治
固体废弃物污染防治	1	（　）（　）（　）	（　）（　）（　）	（　）（　）（　）	（　）（　）（　）	（　）（　）（　）	（　）（　）（　）
水体污染防治	—	1	（　）（　）（　）	（　）（　）（　）	（　）（　）（　）	（　）（　）（　）	（　）（　）（　）
土壤污染防治	—	—	1	（　）（　）（　）	（　）（　）（　）	（　）（　）（　）	（　）（　）（　）
空气污染防治	—	—	—	1	（　）（　）（　）	（　）（　）（　）	（　）（　）（　）
噪声污染防治	—	—	—	—	1	（　）（　）（　）	（　）（　）（　）
植被破坏防治	—	—	—	—	—	1	（　）（　）（　）
人文环境破坏防治	—	—	—	—	—	—	1

三、在环境管理的四个因子中，您认为：

	环保制度与政策	环保人员安排	环保项目与活动设计	环保设施设备投入
环保制度与政策	1	（　）（　）（　）	（　）（　）（　）	（　）（　）（　）
环保人员安排	—	1	（　）（　）（　）	（　）（　）（　）
环保项目与活动设计	—	—	1	（　）（　）（　）
环保设施设备投入	—	—	—	1

四、在环境影响与效益的三个因子中，您认为：

	经济效益	生态影响	社会影响
经济效益	1	（　）（　）（　）	（　）（　）（　）
生态影响	—	1	（　）（　）（　）
社会影响	—	—	1

谢谢您的填写，真诚感谢您的合作！

附录5 休闲农业企业环境行为评价专家调查问卷（三）

尊敬的专家：

您好！

由于本人正在从事休闲农业企业环境行为评价方面的研究，需要对 ** 休闲农业企业环境行为进行评价。请您参考以下分值，进行打分。谢谢您的合作，祝您身体健康，工作顺利！

福建商学院旅游与休闲管理学院教师

休闲农业企业环境行为评价指标模糊计分表

评价因子	评价得分	评价等级分值				
		81～100	61～80	41～60	21～40	0～20
固体废弃物污染防治		非常完善	很完善	较为完善	不太完善	很不完善或者没有
水体污染防治		非常完善	很完善	较为完善	不太完善	很不完善或者没有
土壤污染防治		非常完善	很完善	较为完善	不太完善	很不完善或者没有
空气污染防治		非常完善	很完善	较为完善	不太完善	很不完善或者没有
噪声污染防治		非常完善	很完善	较为完善	不太完善	很不完善或者没有
植被破坏防治		非常完善	很完善	较为完善	不太完善	很不完善或者没有
人文环境破坏防治		非常完善	很完善	较为完善	不太完善	很不完善或者没有

续表

评价因子	评价得分	评价等级分值				
		81～100	61～80	41～60	21～40	0～20
环保制度与政策		非常完善	很完善	较为完善	不太完善	很不完善或者没有
环保人员安排		数量充足	数量较为充足	数量够用	数量较为不足	数量不足
环保项目与活动设计		非常丰富	很丰富	较为丰富	不太丰富	仅有少量
环保设施设备投入		非常重视	很重视	较为重视	不太重视	很不重视
经济效益		极大程度地促进	很大程度地促进	较大程度地促进	仅在一定程度上促进	促进作用不大
生态影响		极大程度地提高了生态环境质量	很大程度地提高了生态环境质量	较大程度地提高了生态环境质量	仅在一定程度上提高了生态环境质量	对其生态环境质量的影响不大
社会影响		极为良好	非常良好	较为良好	一般	较小

附录6 休闲农业企业环境行为访谈提纲

1. 该休闲农业点面临的主要生态环境问题有哪些？

2. 贵企业固体废物处理处置率在什么范围？

A. 95% 以上（含 95%）　　　B. 85%（含 85%）～ 95%

C. 75%（含 75%）～ 85%　　　D. 65%（含 65%）～ 75%　E. 低于 65%

3. 贵企业是否分别对水体污染、土壤污染、空气污染、噪声污染、植被破坏、人文环境破坏等环境破坏及污染问题制定专门的防治措施？如果有，可否具体介绍一下？

4. 贵企业采取了哪些环保制度与政策？执行效果如何？在执行过程中遇到的困难有哪些？

5. 贵企业是否配备卫生清洁人员？如果有，他们的分工如何？

6. 贵企业是否配备专业的环保技术人员？如果有，他们的分工如何？

7. 贵企业是否设有环保项目与活动？如果有，可否列举一些？

8. 贵企业是否投入资金用于环保设施设备的建设与维护？如果有，可否介绍一下？

9. 贵企业实施环境行为（如制定环境管理战略、进行环境保护管理、环境宣传教育、环境信息沟通等）是否提高了社会声誉？

10. 贵企业是否获得过环保表彰奖励？如果有，可否列举一些？

11. 贵企业通过实施环境行为是否促进了经济发展？是否提高了生态环境质量？

12. 您希望政府能够为休闲农业生态环境管理作出哪些贡献？

13. 您对完善休闲农业环境管理有何意见与建议？